互联立方 BIM 应用培训系列丛书

北京互联立方技术服务有限公司　主编

Autodesk Revit
土建应用之入门篇

王君峰　娄琮味　张海平

陈　晓　姜　曦　刘　影　编著

U0302238

中国水利水电出版社
www.waterpub.com.cn

内 容 提 要

本书以教学楼项目为基础，以实例操作的方式，深入浅出，介绍如何利用当前流行的 BIM 工具软件 Revit 创建教学楼项目的建筑、结构专业模型的全部流程，并利用创建模型进行多种形式的渲染和表达。在此过程中，介绍了如何将 Revit 创建的建筑信息模型与流行的 Autodesk 3ds Max 等流行媒体动画制作工具进行数据交换，进一步增强三维表现能力。在讲解过程中，详细介绍了每一步操作的目的和相关的操作技巧。

本书附带光盘中包含书中所有操作的操作视频，可以在最短时间内理解和掌握 Revit 在土建方面应用操作流程。本书可以作为各类设计企业、施工企业以及开发企业等希望了解和快速掌握 Revit 基础应用的用户，也可以作为大中专院校相关专业的参考教材。

图书在版编目（CIP）数据

Autodesk Revit 土建应用之入门篇/王君峰，陈晓

等编著.-- 北京：中国水利水电出版社，2013.2（2022.1 重印）

（互联立方 BIM 应用培训系列丛书）

ISBN 978-7-5170-0674-9

Ⅰ．①A… Ⅱ．①王… ②陈… Ⅲ．①土木工程-计算

机辅助设计-应用软件 Ⅳ．①TU201.4

中国版本图书馆 CIP 数据核字（2013）第 036598 号

书　　名	互联立方 BIM 应用培训系列丛书 Autodesk Revit 土建应用之入门篇
作　　者	王君峰　陈　晓　等编著
出版发行	中国水利水电出版社
	（北京市海淀区玉渊潭南路 1 号 D 座　100038）
	网址：www.waterpub.com.cn
	E-mail：sales@waterpub.com.cn
	电话：（010）68367658（营销中心）
经　　售	北京科水图书销售中心（零售）
	电话：（010）88383994、63202643、68545874
	全国各地新华书店和相关出版物销售网点
排　　版	北京三原色工作室
印　　刷	天津嘉恒印务有限公司
规　　格	184mm×260mm　16 开本　12 印张　285 千字
版　　次	2013 年 2 月第 1 版　2022 年 1 月第 8 次印刷
印　　数	23001—26000 册
定　　价	49.00 元（附光盘 1 张）

凡购买我社图书，如有缺页、倒页、脱页的，本社营销中心负责调换

如果说 20 世纪末工程建设行业称为"甩图板"工程的 CAD 技术应用是一场设计"工具"技术革命的话，无疑，随着 BIM 的提出及应用的逐步升温、并最终成为行业运作标准，对于工程建设行业而言，将是一场更深层次的行业革命，因为 BIM 将可能改变行业的游戏规则。

有人说，BIM 的三大要素是：人才、流程和交付模式，如果工程建设行业的企业要想在 BIM 行业革命中不断进取，人才是不可忽视的资源，而人才培训是建立有效 BIM 人才资源的必由之路。

作为工程建设行业的服务提供商，我们并没有悠久的历史，但与互联立方（isBIM）属同一集团的北纬华元（RNL）和东经天元（REL），却见证了工程建设行业从"甩图板"到 BIM 行业革命的过程。我们始终认为，协助工程建设行业在 BIM 行业革命中不断发展，是 isBIM 的责任所在。

我们时常告诫自己，我们为什么叫 isBIM？The answer isBIM。因此，将我们对 BIM 的理解、积累形成系列丛书，分享给我们的客户，使得我们与工程建设行业客户最终实现双赢。

互联立方 BIM 应用培训系列丛书《Autodesk Revit 土建应用之入门篇》，将是 isBIM 帮助您打开 BIM 大门的第一把钥匙。

北京互联立方技术服务有限公司董事长　汪逸

自 Revit 系列软件引入中国以来，引领工程领域设计和管理变革的另一项技术——建筑信息模型技术也一同引入国内。随着时间的发展，BIM 概念从最初的不理解、被排斥，发展到现在已经广泛应用于设计、施工及运营过程。从过去的单一民用建筑设计领域，发展到现在工业、水利水电等多个工程领域。

目前 BIM 技术已经成为最炙手可热的工程信息化技术。行业的发展孕育了巨大的培训市场。然而纵观整个 BIM 相关培训领域，却良莠不齐，鱼龙混杂。同时仍然没有完整的教育、学习、培训体系。也正是因为如此，成为了我编写本系列教材的初衷。

我曾经先后参编《Autodesk Revit Building 9 应用宝典》，主编了《Autodesk Revit Architecture 2009 实践培训教程》以及《Autodesk Revit Architecture 2010 建筑设计火星课堂》几本不同类型、不同侧重点的教材。特别是《Autodesk Revit Architecture 2010 建筑设计火星课堂》已经成为当前评价最高的应用教材，在当当网、卓越亚马逊中一直以来均五星级评价，目前已经出版第 2 版并 4 次印刷。在此过程中，也积累了大量的 Revit 教学和应用经验，更加了解作为最终用户的学习理解过程和心态。此次系列培训教材，即结合笔者多年来对 Revit 培训的经验，为希望了解 Revit 和 BIM 基础的零基础人士，以最快捷、最高效、最直观的讲述方式，快速掌握利用 Revit 这个最流行的 BIM 工具，完成模型创建流程与渲染表现的过程。同时希望这一系列教程，能够让各位读者蹬堂入室，开启一扇 BIM 之门。

本系列教程适合于包括高校学生、老师以及所有从事工程行业专业人士在内的准 BIMer。也适合作为培训课堂中使用的标准参考教材。

北京互联立方技术服务有限公司（isBIM，新浪微博：@isBIM 中国）与北京北纬华元软件科技有限公司（RNL，新浪微博：@北纬华元_RNL）及北京东经天元软件科技有限公司（REL，新浪微博：@东经天元）同属香港盖德科技集团，已在中国 CAD 领域及建筑信息化领域服务超过十三年。isBIM 作为国内最专业、最领先的 BIM 咨询、服务类企业，拥有超过 60 名专业技术工程师，其中 90%均具备工程行业设计、施工或管理经验。

　　本书在编写过程中，得到了 isBIM 各位同事的大力支持以及成都师范学院土木与交通工程系老师们的倾情奉献。其中，isBIM 同事娄琼昧完成了本书第 1 章、第 2 章，张海平完成本书第 12 章、第 13 章、第 14 章；成都师范学院的陈晓老师完成了本书第 3 章、第 6 章、第 7 章，由姜曦老师完成本书第 4 章、第 8 章、第 10 章，由刘影老师完成本书第 5 章、第 9 章、第 11 章。我负责全书的修订与协调，感谢各位在我近乎完美主义的苛刻要求下，各位的辛苦工作与不断的修改。在此我向所有参与本书编写的同事、老师们说一声：正是你们废寝忘食的工作，才顺利完成本教材，谢谢大家的付出。同时向所有在编写过程中提出宝贵经验和意见的同事们表示感谢。

　　限于作者的水平，加之时间仓促，书中错误再所难免，希望各位读者指正。限于本书的定位，诸多事宜未能详尽介绍，也请各位读者谅解。有任何意见，可关注我的新浪微博：@影响思维，共同交流共同进步！

王君峰

2013 年 1 月

修订说明

  BIM 技术的应用近几年蓬勃发展，已经全面应用在建筑工程行业的各个领域当中。作为 BIM 技术的主要应用工具，Autodesk Revit 也越来越多的被应用在工程建设行业的各领域中。在《Autodesk Revit 土建应用之入门篇》一书上市已来，成为大多数 Revit 软件应用入门的启蒙学习用书。在使用过程中，也发现了书中存在诸多的瑕疵，在此结合读者的意见进行了重印修订。

  自本书上市已来，虽然目前 Revit 的软件已经发展到更新的版本，但软件的操作思路与基本理念并没有发生根本的变化，因此本次修订并没有对软件的版本进行升级。本次修订主要对原书中存在的错误进行文字方面的调整。读者可以采用本书中所介绍的操作步骤和功能在新版本的软件中进行操作与学习。

  同时，本次修订将本书升级为 O2O（Online to Offline，线上线下结合）的模式。本次修订的每一章后面都将附上本章书中视频在线观看的二维码，使用微信扫一扫等具有二维码扫描功能的工具直接扫描该二维码，可以登录"中国 BIM 知网"并直达该章视频的在线部分，让读者可以随时随地学习和观看书中的精彩视频，让学习变得无拘无束。在"中国 BIM 知网"中还提供了其它精彩的 BIM 相关教学资源，以帮助读者更好学习。为了照顾原有读者的使用习惯，本书仍保留了随书光盘，以便于 PC 端用户使用。

  如果各位读者在学习过程中有任何问题，可通过扫描本页二维码直接与本书作者联络并提交您的宝贵建议。

作者微信公众号：影响思维　　　　作者微博：影响思维

目　　录

第 1 章　Revit 基础

本章提要:

➤ 理解 BIM 的概念
➤ 了解 Revit 与 BIM 的关系
➤ 了解 Revit 的用途

Revit 系列软件是由全球领先的数字化设计软件供应商 Autodesk 公司,针对建筑设计行业开发的三维参数化设计软件平台。自 2004 年进入中国以来,它已成为最流行的 BIM 创建工具,越来越多的设计企业、工程公司使用它完成三维设计工作和 BIM 模型创建工作。

1.1　Revit 简介绍

Revit 最早是一家名为 Revit Technology 公司于 1997 年开发的三维参数化建筑设计软件。2002 年被 Autodesk 公司收购,并在工程建设行业提出 BIM (Building Information Model,建筑信息模型)的概念。

Revit 是专为建筑行业开发的模型和信息管理平台,它支持建筑项目所需的模型、设计、图纸和明细表。并可以在模型中记录材料的数量、施工阶段、造价等工程信息。

在 Revit 项目中,所有的图纸、二维视图和三维视图以及明细表都是同一个基本建筑模型数据库的信息表现形式。Revit 的参数化修改引擎可自动协调在任何位置(模型视图、图纸、明细表、剖面和平面中)进行的修改。

1.1.1　BIM (建筑信息模型)

BIM 全称为 Building Information Model,意为"建筑信息模型",由 Autodesk 公司最早提出此概念。BIM 是以三维数字技术为基础,集成了建筑工程项目各种相关信息的工程数据模型,可以为设计和施工中提供相协调的、内部保持一致的并可进行运算的信息。

利用 Revit 强大的参数化建模能力、精确统计及 Revit 平台上优秀协同设计、碰撞检查功能,在民用及工厂设计领域中,已经被越来越多的民用设计企业、专业设计院、EPC 企业采用。

1.1.2　参数化

"参数化"是 Revit 的基本特性。所谓"参数化"是指 Revit 中各模型图元之间的相对关系,例如,相对距离、共线等几何特征。Revit 会自动记录这些构件间的特征和相对关系,从而实现模型间自动协调和变更管理,例如,当指定窗底部边缘距离标高距离为 900,当修改标高位置时,Revit 会自动修改窗的位置,以确保变更后窗底部边缘距离标高仍为 900。构件间参数化关系可以在创建模型时由 Revit 自动创建，也可以根据需要由用户手动创建。

在 CAD 领域中，用于表达和定义构件间这些关系的数字或特性称为"参数"，Revit 通过修改构件中的预设或自定义的各种参数实现对模型的变更和修改，这个过程称之为参数化修改。参数化功能为 Revit 提供了基本的协调能力和生产率优势：无论何时在项目中的任何位置进行任何修改，Revit 都能在整个项目内协调该修改，从而确保几何模型和工程数据的一致性。

1.2   Revit 基础

学习 Revit 最好的方法就是动手操作。通过本书的学习和不断深入，相信您一定能很好掌握软件的操作步骤。

1.2.1   Revit 的启动

Revit 是标准的 Windows 应用程序。可以像其它 Windows 软件一样通过双击快捷方式启动 Revit 主程序。启动后，默认会显示"最近使用的文件"界面。如果在启动 Revit 时，不希望显示"最近使用的文件界面"，可以按以下步骤来设置。

1）启动 Revit ，单击左上角"应用程序菜单"按钮，在菜单中选择位于右下角的"选项"按钮，在"用户界面"对话框，如图 1-1 所示。

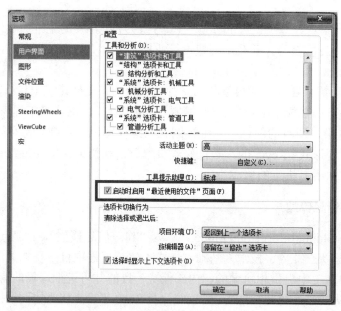

图 1-1

2）在"选项"对话框中，切换至"常规"选项卡，清除"启动时启用'最近使用文件'页面"复选框，设置完成后单击"确定"按钮，退出"选项"对话框。

3）单击"应用程序菜单"按钮，在菜单中选择"退出 Revit"，关闭 Revit，再次重新启动 Revit，此时将不再显示"最近使用的文件"界面，仅显示空白界面。

4）使用相同的方法，勾选"选项"对话框中"启动时启用'最近使用文件'页面"复选框并单击"确定"按钮，将重新启用"最近使用的文件"界面。

1.2.2　Revit 的界面

Revit 2013 的应用界面如图 1-2 所示。在主界面中，主要包含项目和族两大区域。分别用于打开或创建项目以及打开或创建族。在 Revit 中，已整合了包括建筑、结构、机电各专业的功能，因此，在项目区域中，提供了建筑、结构、机械、构造等项目创建的快捷方式。单击不同类型的项目快捷方式，将采用各项目默认的项目样板进入新项目创建模式。

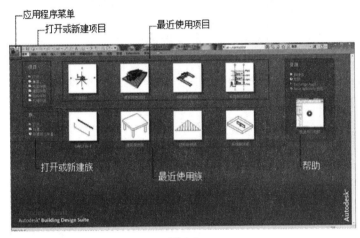

图 1-2

项目样板是 Revit 工作的基础。在项目样板中预设了新建的项目所有默认设置，包括长度单位、轴网标高样式、墙体类型等。项目样板仅为项目提供默认预设工作环境，在项目创建过程中，Revit 允许用户在项目中自定义和修改这些默认设置。

如图 1-3 所示，在"选项"对话框中，切换至"文件位置"选项，可以查看 Revit 中各类项目所采用的样板设置。在该对话框中，还允许用户添加新的样板快捷方式，浏览指定所采用的项目样板。

图 1-3

还可以通过单击应用程序菜单按钮，在列表中选择"新建→项目"选项，将弹出"新建项目"对话框，如图 1-4 所示。在该对话框中可以指定新建项目时要采用的样板文件，除可以选择已有的样板快捷方式外，还可以单击"浏览"按钮指定其它样板文件创建项目。在该对话框中，选择"新建"的项目为"项目样板"的方式，用于自定义项目样板。

图 1-4

1.2.3　使用帮助与信息中心

Revit 提供了完善的帮助文件系统，以方便用户在遇到使用困难时查阅。可以随时单击"帮助与信息中心"栏中的"Help"按钮 或按键盘 F1 键，打开帮助文档进行查阅。目前，Revit 2013 已将帮助文件以在线的方式存在，因此必须连接 Internet 才能正常查看帮助文档。

1.3　Revit 基本术语

要掌握 Revit 的操作，必须先理解软件中的几个重要的概念和专用术语。由于 Revit 是针对工程建设行业推出的 BIM 工具，因此 Revit 中大多数术语均来自于工程项目，例如结构墙、门、窗、楼板、楼梯等。但软件中包括几个专用的术语，读者务必掌握。

除前面介绍的参数化、项目样板外，Revit 还包括几个常用的专用术语。这些常用术语包括：项目、对象类别、族、族类型、族实例。必须理解这些术语的概念与涵义，才能灵活创建模型和文档。

1.3.1　项目

在 Revit 中，可以简单的将项目理解为 Revit 的默认存档格式文件。该文件中包含了工程中所有的模型信息和其它工程信息，如材质、造价、数量等，还可以包括设计中生成的各种图纸和视图。项目以.rvt 的数据格式保存。注意.rvt 格式的项目文件无法在低版本的 Revit 打开，但可以被更高版本的 Revit 打开。例如，使用 Revit 2012 创建的项目数据，无法在 Revit 2011 或更低的版本中打开，但可以使用 Revit 2013 打开或编辑。

> 【提示】使用高版本的软件打开数据后，当在数据保存时，Revit 将升级项目数据格式为新版本数据格式。升级后的数据也将无法使用低版本软件打开了。

上一节中提到，项目样板是创建项目的基础。事实上在 Revit 中创建任何项目时，均会采用默认的项目样板文件。项目样板文件以.rte 格式保存。与项目文件类似，无法在低版本的 Revit 软件中使用高版本创建的样板文件。

1.3.2　对象类别

与 AutoCAD 不同，Revit 不支持图层的概念。Revit 中的轴网、墙、尺寸标注、文字注释等对象以对象类别的方式进行自动归类和管理。Revit 通过对象类别进行细分管理。例如，模型图元类别包括墙、楼梯、楼板等；注释类别包括门窗标记、尺寸标注、轴网、文字等。

在项目任意视图中通过按键盘默认快捷键 VV，将打开"可见性图形替换"对话框，如图 1-5 所示，在该对话框中可以查看 Revit 包含的详细的类别名称。

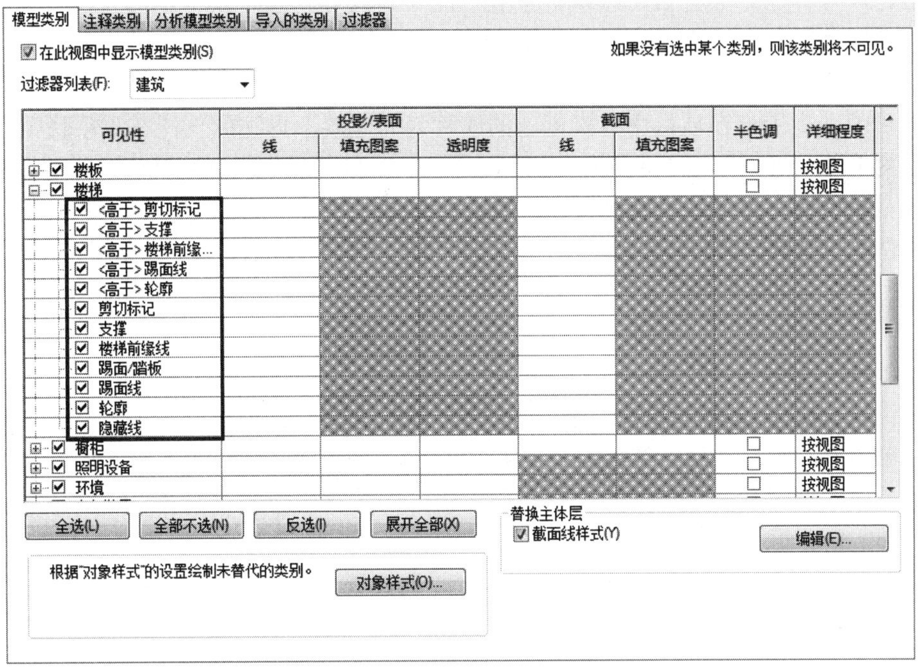

图 1-5

注意在 Revit 的各类别对象中，还将包含子类别定义，例如楼梯类别中，还可以包含踢面线、轮廓等子类别。Revit 通过控制对象中各子类别的可见性、线形、线宽等设置，控制三维模型对象在视图中的显示，以满足建筑出图的要求。

在创建各类对象时，Revit 会自动根据对象所使用的族将该图元自动归类到正确的对象类别当中。例如，放置门时，Revit 会自动将该图元归类于"门"，而不必像 AutoCAD 那样预先指定图层。

1.3.3　族

Revit 的项目是由墙、门、窗、楼板、楼梯等一系列基本对象"堆积"而成，这些基本的零件称之为图元。除三维图元外，包括文字、尺寸标注等单个对象也称之为图元。

族是 Revit 项目的基础。Revit 的任何单一图元都由某一个特定族产生。例如，一扇门、面墙、一个尺寸标注、一个图框。由一个族产生的各图元均具有相似的属性或参数。例如，对于一个平开门族，由该族产生的图元可以具有高度、宽度等参数，但具体每个门的高度、宽度的值可以不同，这由该族的类型或实例参数定义决定。

在 Revit 中，族分为以下三种。

1. 可载入族

可载入族是指单独保存为族.rfa 格式的独立族文件，且可以随时载入到项目中的族。Revit 提供了族样板文件，允许用户自定义任意形式的族。在 Revit 中门、窗、结构柱、卫浴装置等均为可载入族。

2. 系统族

系统族仅能利用系统提供的默认参数进行定义，不能作为单个族文件载入或创建。系统族包括墙、尺寸标注、天花板、屋顶、楼板、尺寸标注等。系统族中定义的族类型可以使用"项目传递"功能在不同的项目之间进行传递。

3. 内建族

在项目中，由用户在项目中直接创建的族称为内建族。内建族仅能在本项目中使用，即不能保存为单独的.rfa 格式的族文件，也不能通过"项目传递"功能将其传递给其它项目。

与其它族不同，内建族仅能包含一种类型。Revit 不允许用户通过复制内建族类型来创建新的族类型。

1.3.4 类型和实例

除内建族外，每一个族包含一个或多个不同的类型，用于定义不同的对象特性。例如，对于墙来说，可以通过创建不同的族类型，定义不同的墙厚和墙构造。而每个是放置在项目中的实际墙图元，则称之为该类型的一个实例。Revit 通过类型属性参数和实例属性参数控制图元的类型或实例参数特征。同一类型的所有实例均具备相同的类型属性参数设置，而同一类型的不同实例，可以具备完全不同的实例参数设置。

如图 1-6 所示，列举了 Revit 中族类别、族、族类型和族实例之间的相互关系。

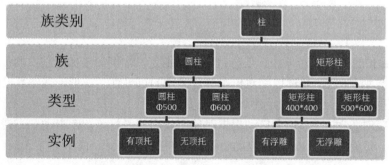

图 1-6

例如，对于同一类型的不同墙实例，它们均具备相同的墙厚度和墙构造定义，但可以具备不同的高度、底部标高、顶部标高等信息。

修改类型属性的值会影响该族类型的所有实例，而修改实例属性时，仅影响所有被选择的实例。要修改某个实例具有不同的类型定义，必须为族创建新的族类型。例如，要将其中一个厚度 240mm 的墙图元修改为 300mm 厚的墙，必须为墙创建新的类型，以便于在类型属性中定义墙的厚度。

1.3.5 各术语间的关系

在 Revit 中，各类术语间对象的关系如图 1-7 所示。

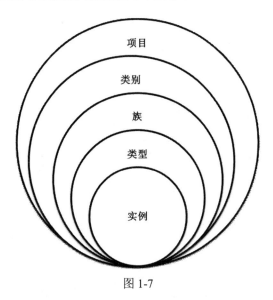

图 1-7

可这样理解 Revit 的项目，Revit 的项目由无数个不同的族实例（图元）相互堆砌而成，而 Revit 通过族和族类别来管理这些实例，用于控制和区分不同的实例。而在项目中，Revit 通过对象类别来管理这些族。因此，当某一类别在项目中设置为不可见时，隶属于该类别的所有图元均将不可见。

本书在后续的章节中，将通过具体的操作来理解这些晦涩难懂的概念。读者对此基本理解即可。

1.4 图元行为

族是构成项目的基础。在项目中，各图元主要起以下三种作用：

● 基准图元可帮助定义项目的定位信息。例如，轴网、标高和参照平面都是基准图元。

● 模型图元表示建筑的实际三维几何图形。它们显示在模型的相关视图中。例如，墙、窗、门和屋顶是模型图元。

● 视图专有图元只显示在放置这些图元的视图中。它们可帮助对模型进行描述或归档。例如，尺寸标注、标记和二维详图构件都是视图专有图元。

模型图元分为两种类型：

● 主体（或主体图元）通常为能够使其它对象附着于自身的图元。例如，墙和天花板是主体，门、窗等附着于墙体。Revit 提供了基于主体的族样板，以便于创建基于主体的图元。

● 模型构件是建筑模型中其他所有类型的图元。例如，窗、门和橱柜是模型构件。

对于视图专有图元，则分为以下两种类型：

● 注释图元是对模型信息进行提取并在图纸上以标记文字的方式显示其名称、特性。

例如，尺寸标注、标记和注释记号都是注释图元。当模型发生变更时，这些注释图元将随模型的变化而自动更新。

● 详图是在特定视图中提供有关建筑模型详细信息的二维项。例如，包括详图线、填充区域和二维详图构件。这类图元类似于 AutoCAD 中绘制的图块，不随模型的变化而自动变化。

如图 1-8 所示，列举了 Revit 中各不同性质和作用的图元的使用方式，供读者参考。

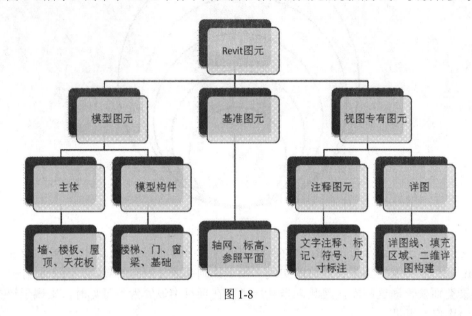

图 1-8

1.5　本章小结

本章主要介绍了 BIM 及参数化的概念及意义，以及 Revit 的概况、基本概念和应用范围，并了解了 Revit 系列其它软件的基本情况。本章介绍了 Revit 的界面操作、项目、项目样板及族的基本概念，以及族类型及图元的关系。本章内容多以概念为主，这些概念是学习掌握 Revit 的基础，本书在后面章节中将在项目操作过程中，不断强化这些概念。在下一章中，将进一步介绍 Revit 中的基本操作。

第 2 章　Revit 基本操作

本章提要：

➢ 了解 Revit 操作界面
➢ 掌握 Revit 视图
➢ 掌握基本修改、编辑命令
➢ 掌握临时尺寸标注

上一章中介绍了 Revit 的基本概念。由于各位读者刚刚接触 Revit 软件，这些概念显得相当难以理解，即使读者不能理解这些概念也没关系，随着对 Revit 操作和理解的加深，这些概念会自然理解。接下来，将介绍 Revit 的基本操作和编辑工具。

2.1　用户界面

Revit 使用了旨在简化工作流的 Ribbon 界面。用户可以根据自己的需要修改界面布局。例如，可以将功能区设置为四种显示设置之一。还可以同时显示若干个项目视图，或修改项目浏览器的默认位置。

如图 2-1 所示，为在项目编辑模式下 Revit 的界面形式。

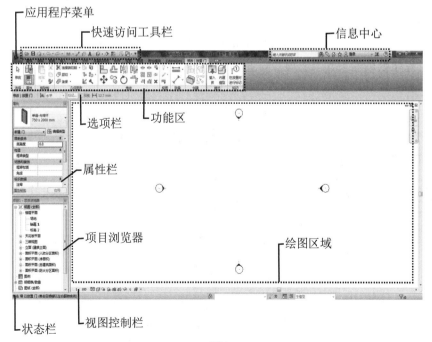

图 2-1

2.1.1　应用程序菜单

单击左上角"应用程序菜单"按钮 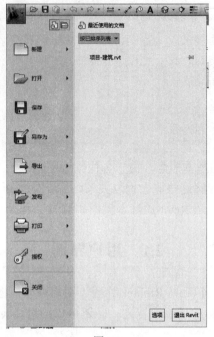 可以打开应用程序菜单列表，如图 2-2 所示。

图 2-2

应用程序菜单按钮类似于传统界面下的"文件"菜单，包括新建、保存、打印、退出 Revit 等均可以在此菜单下执行。在应用程序菜单中，可以单击各菜单右侧的箭头查看每个菜单项的展开其选择项，然后再单击列表中各选项执行相应的操作。

单击应用程序菜单右下角"选项"按钮，可以打开"选项"对话框。如图 2-3 所示，在"用户界面"选项中，用户可根据自己的工作需要自定义出现在功能区域的选项卡命令，并自定义快捷键。

图 2-3

【提示】在 Revit 中使用快捷键时直接按键盘对应字母即可，输入完成后无需输入空格或回车。在本书后面操作中，将对操作中使用到的每一个工具说明默认快捷键。

2.1.2　功能区

功能区提供了在创建项目或族时所需要的全部工具。在创建项目文件时，功能区显示如图 2-4 所示。功能区主要由选项卡、工具面板和工具组成。

图 2-4

单击工具可以执行相应的命令，进入绘制或编辑状态。在本书后面章节中，会按选项卡、工具面板和工具的顺序描述操作中该工具所在的位置。例如，要执行"门"工具，将描述为"单击建筑选项卡构建面板中门工具"。

如果同一个工具图标中存在其它工具或命令，则会在工具图标下方显示下拉箭头，单击该箭头，可以显示附加的相关工具。与之类似，如果在工具面板中存在未显示的工具，会在面板名称位置显示下拉箭头。Revit 如图 2-5 所示，为墙工具中的包含的附加工具。

图 2-5

【提示】如果工具按钮中存在下拉箭头，直接单击工具将执行最常用的工具，即列表中第一个工具。

Revit 根据各工具的性质和用途，分别组织在不同的面板中。如图 2-6 所示，如果存在与面板中工具相关的设置选项，则会在面板名称栏中显示斜向箭头设置按钮。单击该箭头，可以打开对应的设置对话框，对工具进行详细的通用设定。

图 2-6

　　鼠标左键按住并拖动工具面板标签位置时，可以将该面板拖曳到功能区上其它任意位置。使之成为浮动面板。要将浮动面板返回到功能区，移动光标至面板之上，浮动面板右上角显示控制柄时，如图 2-7 所示，单击"将面板返回到功能区"符号即可将浮动面板重新返回工作区域。注意工具面板仅能返回其原来所在的选项卡中。

图 2-7

　　Revit 提供了 3 种不同的功能区面板显示状态。单击选项卡右侧的功能区状态切换符号，可以将功能区视图在显示完整的功能区、最小化到面板平铺、最小化至选项卡状态间循环切换。如图 2-8 所示，为最小化到面板平铺时功能区的显示状态。

图 2-8

2.1.3　快速访问工具栏

　　除可以在功能区域内单击工具或命令外，Revit 还提供了快速访问工具栏，用于执行最常使用的命令。默认情况下快速访问栏包含下列项目，如表 2-1 所示。

表 2-1

快速访问工具栏项目	说明
（打开）	打开项目、族、注释、建筑构件或 IFC 文件
（保存）	用于保存当前的项目、族、注释或样板文件
（撤消）	用于在默认情况下取消上次的操作。显示在任务执行期间执行的所有操作的列表
（恢复）	恢复上次取消的操作。另外还可显示在执行任务期间所执行的所有已恢复操作的列表
（切换窗口）	点击下拉箭头，然后单击要显示切换的视图
（三维视图）	打开或创建视图，包括默认三维视图、相机视图和漫游视图
（同步并修改设置）	用于将本地文件与中心服务器上的文件进行同步
（定义快速访问工具栏）	用于自定义快速访问工具栏上显示的项目。要启用或禁用项目，请在"自定义快速访问工具栏"下拉列表上该工具的旁边单击

可以根据需要自定义快速访问栏中的工具内容，根据自己的需要重新排列顺序。例如，要将在快速访问栏中创建墙工具，如图 2-9 所示，右键单击功能区"墙"工具，弹出快捷菜单中选择"添加到快速访问工具栏"即可将墙及其附加工具同时添加至快速访问栏中。使用类似的方式，在快速访问栏中右键单击任意工具，选择"从快速访问栏中删除"，可以将工具从快速访问栏中移除。

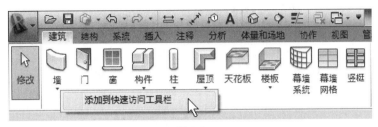

图 2-9

【提示】下文选项卡上的某些工具无法添加到快速访问工具栏中，例如修改选择"楼板"时在上下文选项卡中的"编辑子图元"工具。

快速访问工具栏可能会显示在功能区下方。在快速访问工具栏上单击"自定义快速访问工具栏"下列菜单"在功能区下方显示"。如图 2-10 所示。

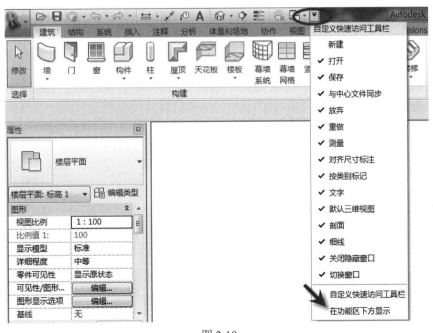

图 2-10

单击"自定义快速访问工具栏"下列菜单，在列表中选择"自定义快速访问栏"选项，将弹出如图 2-11 所示的"自定义快速访问工具栏"对话框。使用该对话框，可以重新排列快速访问栏中的工具显示顺序，并根据需要添加分隔线。勾选该对话框中的"在功能区下方显示快速访问工具栏"选项也可以修改快速访问栏的位置。

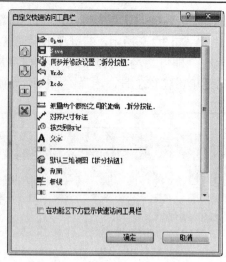

图 2-11

2.1.4　选项栏

选项栏默认位于功能区下方。用于设置当前正在执行的操作的细节设置。选项栏的内容比较类似于 AutoCAD 的命令提示行，其内容因当前所执行的工具或所选图元的不同而不同。如图 2-12 所示，为使用墙工具时，选项栏的设置内容。

图 2-12

可以根据要将选项栏移动到 Revit 窗口的底部，在选项栏上单击鼠标右键，然后选择"固定在底部"选项即可。

2.1.5　项目浏览器

项目浏览器用于组织和管理当前项目中包括的所有信息。包括项目中所有视图、明细表、图纸、族、组、链接的 Revit 模型等项目资源。Revit Architecture 按逻辑层次关系组织这些项目资源，方便用户管理。展开和折叠各分支时，将显示下一层集的内容。如图 2-13 所示，为项目浏览器中包含的项目内容。项目浏览器中，项目类别前显示"田"表示该类别中还包括其它子类别项目。在 Revit Architecture 中进行项目设计时，最常用的操作就是利用项目浏览器在各视图中切换。

在 Revit 中，可以在项目浏览器对话框任意栏目名称上单击鼠标右键，在弹出右键菜单中选择"搜索"选项，打开"在项目浏览器中搜索"对话框，如图 2-14 所示。可以使用该对话框在项目浏览器中对视图、族及族类型名称进行查找定位。

在项目浏览器中，右键单击第一行"视图(全部)"，在弹出右键快捷菜单中选择"类型属性"选项，将打开项目浏览器的"类型属性"

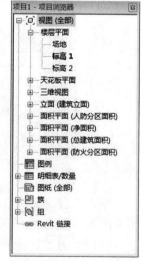

图 2-13

对话框，如图 2-15 所示。可以自定义项目视图的组织方式，包括排序方法和显示条件过滤器。

图 2-14

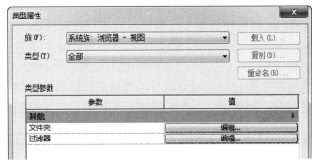

图 2-15

2.1.6　"属性"面板

　　"属性"选项板可以查看和修改用来定义 Revit 中图元实例属性的参数。属性面板各部分的功能如图 2-16 所示。

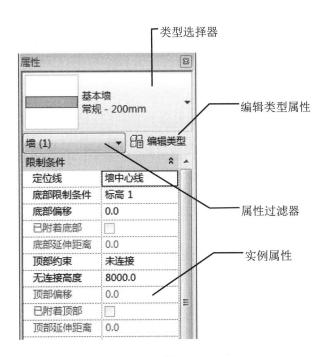

图 2-16

　　在任何情况下，按键盘快捷键 Ctrl+1，均可打开或关闭属性面板。还可以选择任意图元，单击下文关联选项卡中"属性"按钮；或在绘图区域中单击鼠标右键，在弹出的快捷菜单中选择"属性"选项将其打开。可以将该选项板固定到 Revit 窗口的任一侧，也可以将其拖拽到绘图区域的任意位置成为浮动面板。

　　当选择图元对象时，属性面板将显示当前所选择对象的实例属性；如果未选择任何图元，则选项板上将显示活动视图的属性。

2.1.7 绘图区域

Revit 窗口中的绘图区域显示当前项目的楼层平面视图以及图纸和明细表视图。在 Revit 中每当切换至新视图时，都将在绘图区域创建新的视图窗口，且保留所有已打开的其他视图。

默认情况下，绘图区域的背景颜色为白色。在"选项"对话框"图形"选项卡中，可以设置视图中的绘图区域背景反转为黑色。如图 2-17 所示，使用"视图"选项卡 "窗口"面板中的平铺、层叠工具，并可设置所有已打开视图排列方式为平铺、层叠等。

图 2-17

2.1.8 视图控制栏

在楼层平面视图和三维视图中，绘图区各视图窗口底部均会出现视图控制栏，如图 2-18 所示。

图 2-18

通过控制栏，可以快速访问影响当前视图的功能，其中包括下列 12 个功能：比例、详细程度、视觉样式、打开/关闭日光路径、打开/关闭阴影、显示/隐藏渲染对话框、裁剪视图、显示/隐藏裁剪区域、解锁/锁定三维视图、临时隔离/隐藏、显示隐藏的图元、分析模型的可见性。在本章第 2.2.3 节将详细介绍视图控制栏中各项工具的使用。

2.2 视图控制

2.2.1 项目视图种类

Revit 视图有很多种形式，每种视图类型都有特点用途，视图不同于 CAD 绘制的图纸，它是 Revit 项目中 BIM 模型根据不同的规则显示的投影。

常用的视图有平面视图、立面视图、剖面视图、详图索引视图、三维视图、图例视图、明细表视图等。同一项目可以有任意多个视图，例如，对于 F1 标高，可以根据需要创建任意数量的楼层平面视图，用于表现不同的功能要求，如 F1 梁布置视图、F1 柱布置视图、F1 房间功能视图、F1 建筑平面图等。所有视图均根据模型剖切投影生成。

如图 2-18 所示，Revit 在"视图"选项卡"创建"面板中提供了创建各种视图的工具，也可以在项目浏览器中根据需要创建不同视图类型。

图 2-18

接下来，将对各类视图进行详细的说明。

1. 楼层平面视图及天花板平面

楼层/结构平面视图及天花板视图是沿项目水平方向，按指定的标高偏移位置剖切项目生成的视图。大多数项目至少包含一个楼层/结构平面。楼层/结构平面视图在创建项目标高时默认可以自动创建对应的楼层平面视图（建筑样板创建的是楼层平面，结构样板创建的是结构平面）；在立面中，已创建的楼层平面视图的标高标头显示为蓝色，无平面关联的标高标头是黑色。除使用项目浏览器外，在立面中可以通过双击蓝色标高标头进入对应的楼层平面视图；使用"视图"选项卡"创建"面板中的"平面视图"工具可以手动创建楼层平面视图。

在楼层平面视图中，当不选择任何图元时，"属性"面板将显示当前视图的属性。在"属性"面板中单击"视图范围"后的编辑按钮，将打开"视图范围"对话框，如图 2-19 所示。在该对话框中，可以定义视图的剖切位置以及。

图 2-19

该对话框中，各主要功能介绍如下。

● 视图主要范围

每个平面视图都具有"视图范围"视图属性，该属性也称为可见范围。视图范围是用于控制视图中模型对象的可见性和外观的一组水平平面，分别称"顶部平面"、"剖切面"和"底部平面"。"顶部平面"和"底部平面"用于制定视图范围最顶部和底部位置，"剖切面"是确定剖切高度的平面，这 3 个平面用于定义视图范围的**主要范围**。

● 视图深度范围

"视图深度"是视图范围外的附加平面，可以设置视图深度的标高，以显示位于底裁剪平面之下的图元，默认情况下该标高与底部重合。"主要范围"的底不能超过"视图深度"设置的范围。如图 2-20 所示，各深度范围图解：顶部 ①、剖切面②、底部 ③、偏移量④、主要范围⑤ 和视图深度⑥。

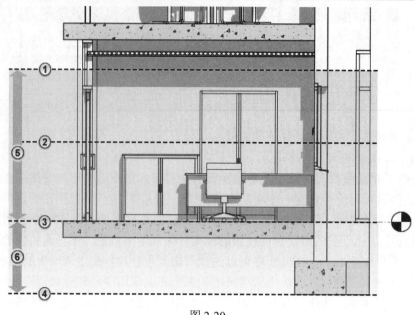

图 2-20

●   视图范围内图元样式设置

Revit 对于主要视图范围和视图深度范围内的图元采用不同的显示方式，以满足不同用途视图的表达要求。

"主要视图范围"内可见但未视图剖切面剖切的图元，将以投影的方式显示在视图中。可以通过单击"视图"选项卡"图形"面板中"可见性/图形"工具，打开"可见性/图形替换"对话框，如图 2-21 所示，在"可见性/图形替换"对话框"模型"选项卡中，通过设置"投影/表面"类别中线、填充图案等，可控制各类别图元在视图中的投影显示样式。

"主要视图范围"内可见且被视图剖切面剖切的图元，如果该图元类别允许被剖切（例如墙、门窗等图元），图元将以截面的方式显示在视图中。可以通过"可见性/图形"工具，打开"可见性/图形替换"对话框，在该对话框"模型"选项卡中通过设置"截面"类别内的线、填充图案等，控制各类别图元在视图中的截面显示样式。

注意，在 Revit 中卫浴装置、机械设备类别的图元，如马桶、消防水泵、消防水箱等，由于该图元类别被定义为不可被剖切，因此，即使这类图元被视图剖切面剖切，Revit 仍然以投影的方式显示该图元。

"深度范围"附加视图深度中的图元将投影显示在当前视图中，并以<超出>线样式绘制位于"深度范围"内图元的投影轮廓。可以在"可见性/图形替换"对话框"模型"选项卡中，异形"线"类别，并在该子类别中找到查看<超出>线样式，注意该子类别在"可见性/图形替换"对话框中不可编辑和修改。在"管理"选项卡"设置"面板"其它设置"下拉列表中，单击"线样式"，可以在打开的"线样式"对话框中，对其<超出>线样式进行详细设置。

天花板视图与楼层平面视图类似，同样沿水平方向指定标高位置对模型进行剖切生成投影。但天花板视图与楼层平面视图观察的方向相反：天花板视图为从剖切面的位置向上查看模形进行投影显示，而楼层平面视图为从剖切面位置向下查看模型进行投影显示。如图 2-22 所示，为天花板平面的视图范围定义。

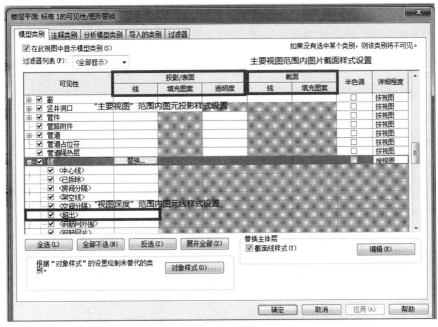

图 2-21

图 2-22

2. 立面视图

　　立面视图是项目模型在立面方向上的投影视图。在 Revit 中，默认每个项目将包含东、西、南、北 4 个立面视图，并在楼层平面视图中显示立面视图符号 。双击平面视图中立面标记中黑色小三角，会直接进入立面视图。Revit 允许用户在楼层平面视图或天花板视图中创建任意立面视图。

　　3. 剖面视图

　　剖面视图允许用户通过在平面、立面或详图视图中通过在指定位置绘制剖面符号线的方式，在该位置对模型进行剖切，并根据剖面视图的剖切和投影方向生成模型投影。剖面视图具有明确的剖切范围，单击剖面标头即将显示剖切深度范围，可以通过鼠标自由拖曳。

　　4. 详图索引视图

　　当需要对模型的局部细节进行放大显示时，可以使用详图索引视图。可向平面视图、剖面视图、详图视图或立面视图中添加详图索引，这个创建详图索引的视图，被称之为"父视图"。在详图索引范围内的模型部分，将以详图索引视图中设置的比例显示在独立的视图中。

详图索引视图显示父视图中某一部分的放大版本，且所显示的内容与原模型关联。

绘制详图索引的视图是该详图索引视图的父视图。如果删除父视图，则将删除该详图索引视图。

5. 三维视图

使用三维视图，可以直观查看模型的状态。Revit 中三维视图分两种：正交三维视图和透视图。在正交三维视图中，不管相机距离的远近，所有构件的大小均相同，可以点击快速访问栏"默认三维视图"图标 直接进入默认三维视图，可以配合使用 Shift 键和鼠标中键根据需要灵活调整视图角度，如图 2-23 所示。

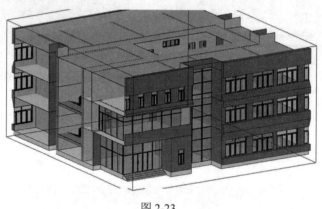

图 2-23

如图 2-24 所示，使用"视图"选项卡"创建"面板"默认三维视图"下拉列表中 "相机"工具，通过指定相机的位置和目标的位置，可以创建自定义的相机视图。相机视图默认将以透视方式显示。在透视三维视图中，越远的构件显示得越小，越近的构件显示得越大，这种视图更符合人眼的观察视角。

图 2-24

2.2.2 视图基本操作

可以通过鼠标、ViewCube 和视图导航来实现对 Revit 视图进行平稳、缩放等操作。在平面、立面或三维视图中，通过滚动鼠标可以对视图进行缩放；按住鼠标中键并拖动，可以实现视图的平移。在默认三维视图中，按住键盘 Shift 键并按住鼠标中键拖动鼠标，可以实现对三维视图的旋转。注意，视图旋转仅对三维视图有效。

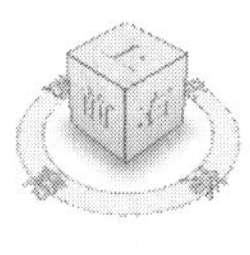

在三维视图中，Revit 还提供了 ViewCube，用于实现对三维视图的进控制。

图 2-25

ViewCube 默认位于屏幕右上方，如图 2-25 所示。通过单击 ViewCube 的面、顶点或边，可以在模型的各立面、等轴测视图间进行切换。鼠标左键按住并拖曳 ViewCube 下方的圆环指南针，还可以修改三维视图的方向为任意方向，其作用与按住键盘 Shift 键和鼠标中键并拖拽的效果类似。

为更加灵活的进行视图缩放控制，Revit 提供了"导航栏"工具条。如图 2-26 所示。默认情况下，导航栏位于视图右册 ViewCube 下方。在任意视图中，都可通过导航栏对视图进行控制。

导航栏主要提供两类工具：视图平移查看工具和视图缩放工具。单击导航栏中上方第一个圆盘图标，将进入全导航控制盘控制模式，如图 2-27 所示，导航控制盘将跟随鼠标指针的移动而移动。全导航盘中提供缩放、平移、动态观察（视图旋转）等命令，移动鼠标指针至导航盘中命令位置，按住左键不动即可执行相应的操作。

图 2-26　　　　　　　　　　　　图 2-27

【快捷键】显示或隐藏导航盘的快捷键为 Shift+W 键。

导航栏中提供的另外一个工具为"缩放"工具，单击缩放工具下拉列表，可以查看 Revit 提供的缩放选项。如图 2-28 所示。在实际操作中，最常使用的缩放工具为"区域放大"，使用该绽放命令时，Revit 允许用户绘制任意的范围窗口区域，将该区域范围内的图元放大至充满视口显示。

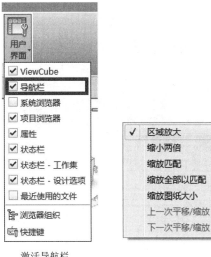

激活导航栏

图 2-28

【快捷键】区域放大的键盘快捷键为 ZR。

任何时候使用视图控制栏缩放列表中"缩放全部以匹配"选项，都可以将缩放显示当前视图中全部图元。在 Revit 中，双击鼠标中键，也会执行该操作。

用于修改窗口中的可视区域。用鼠标点击下拉箭头，勾选下拉列表中的缩放模式，就能实现缩放。

【快捷键】缩放全部以匹配的默认快捷键为 ZF。

除对视口中进行缩放、平移、旋转外，还可以对视图窗口进行控制。前面已经介绍过，在项目浏览器中切换视图时，Revit 将创建新的视图窗口。可以对这些已打开的视图窗口进行控制。如图 2-29 所示，在"视图"选项卡"窗口"面板中提供了"平铺"、"切换窗口"、"关闭隐藏对象"等窗口操作命令。

图 2-29

使用"平铺"，可以同时查看所有已打开的视图窗口，各窗口将以合适的大小并列显示。在非常多的视图中进行切换时，Revit 将打开非常多的视图。这些视图将占用大量的计算机内存资源，造成系统运行效率下降。可以使用"关闭隐藏对象"命令一次性关闭所有隐藏的视图，节省项目消耗系统资源。注意"关闭隐藏对象"工具不能在平铺、层叠视图模式下使用。切换窗口工具用于在多个已打开的视图窗口间进行切换。

【快捷键】窗口平铺的默认快捷键为 WT；窗口层叠的快捷键为 WC。

2.2.3　视图显示及样式

通过视图控制栏，可以对视图中的图元进行显示控制。如图 2-30 所示，视图控制栏从左至右分别为：视图比例、视图详细程度、视觉样式、打开/关闭日光路径、阴影、渲染（仅三维视图）、视图裁剪控制、视图显示控制选项。注意由于在 Revit 中各视图均采用独立的窗口显示，因此，在任何视图中进行视图控制栏的设置，均不会影响其它视图的设置。

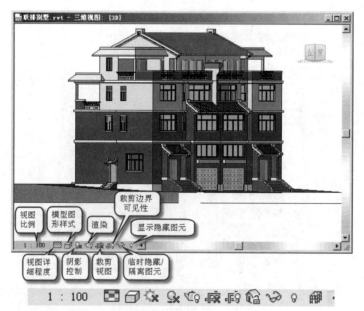

图 2-30

1. 比例

视图比例用于控制模型尺寸与当前视图显示之前的关系。如图 2-31 所示，单击视图控制栏"视图比例"按钮，在比例列表中选择比例值即可修改当前视图的比例。注意无论视图比例如何调整，均不会修改模型的实际尺寸。仅会影响当前视图中添加的文字、尺寸标注等注释信息的相对大小。Revit 允许为项目中的每个视图指定不同比例，也可以创建自定义视图比例。

2. 详细程度

Revit 提供了三种视图详细程度：粗略、中等、精细。Revit 中的图元可以在族中定义在不同视图详细程度模式下要显示的模型。如图 2-32 所示，在门族中分别定义"粗略"、"中等"、"精细"模式下图元的表现。Revit 通过视图详细程度控制同一图元在不同状态下的显示，以满足出图的要求。例如在平面布置图中，平面视图中的窗可以显示为四条线；但在窗安装大样中，平面视图中的窗将显示为真实的窗截面。

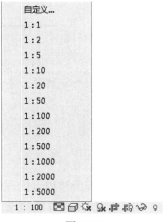

图 2-31

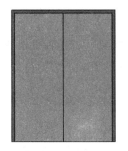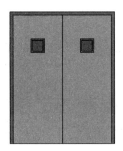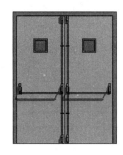

图 2-32

3. 视觉样式

视觉样式用于控制模型在视图中显示方式。如图 2-33 所示，Revit 提供了 6 种显示视觉样式："线框"、"隐藏线"、"着色"、"一致的颜色"、"真实"、"光线追踪"。显示效果由逐渐增强，但所需要系统资源也越来越大。一般平面或剖面施工图可设置为线框或隐藏线模式，这样系统消耗资源较小，项目运行较快。

图 2-33

线框模式是显示效果最差但速度最快的一种显示模式。"隐藏线"模式下，图元将做遮挡计算，但并不显示图元的材质颜色；"着色"模式和"一致的颜色"模式都将显示对象材质定义中"着色颜色"中定义的色彩，"着色模式"将根据光线设置显示图元明暗关系；"一致的颜色"模式下，图元将不显示明暗关系。

"真实"模式和材质定义中"外观"选项参数有关，用于显示图元渲染时的材质纹理。光线追踪模式是 Revit 2013 新增加的视觉样式，将对视图中的模型进行实时渲染，效果最佳，但将消耗大量的计算机资源。

如图 2-34 所示，为在默认三维视图中同一段墙体分别在线框、隐藏线和着色不同模式下的不同体现。

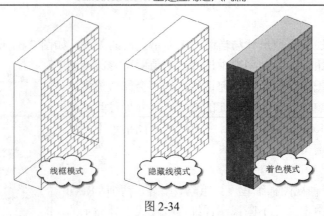

图 2-34

在本书第 6 章 6.2 节中，将详细介绍如何自定义图元的材质。读者可参考该章节内容，以便加深对本节所述内容的理解。

4. 打开/关闭日光路径、打开/关闭阴影

在视图中，可以通过打开/关闭阴影开关在视图中显示模型的光照阴影，增强模型的表现力。在日光路径里面按钮中，还可以对日光进行详细设置。

5. 裁剪视图、显示/隐藏裁剪区域

视图裁剪区域定义了视图中用于显示项目的范围，由两个工具组成：是否启用裁剪及是否显示剪裁区域。可以单击"显示裁剪区域"按钮在视图中显示裁剪区域，再通过启用裁剪按钮将视图剪裁功能启用，通过拖曳裁剪边界。对视图进行裁剪。裁剪后，裁剪框外的图元不显示。

6. 临时隔离/隐藏选项和显示隐藏的图元选项

在视图中可以根据需要临时隐藏任意图元。如图 2-35 所示，选择图元后，单击临时隐藏或隔离图元(或图元类别)命令，将弹出隐藏或隔离图元选项。可以分别对所选择图元进行隐藏和隔离。其中隐藏图元选项将隐藏所选图元；隔离图元选项将在视图隐藏所有未被选定的图元。可以根据图元（所有选择的图元对象）或类别（所有与被选择的图元对象属于同一类别的图元）的方式对图元的隐藏或隔离进行控制。

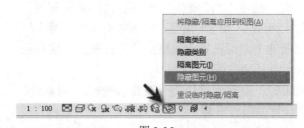

图 2-35

所谓临时隐藏图元是指当关闭项目后，重新打开项目时被隐藏的图元将恢复显示。视图中临时隐藏或隔离图元后，视图周边将显示蓝色边框。此时，再次单击隐藏或隔离图元命令，可以选择"重设临时隐藏/隔离"选项恢复被隐藏的图元。或选择"将隐藏/隔离应用到视图"选项，此时视图周边蓝色边框消失，将永久隐藏不可见图元，即无论任何时候，图元都将不再显示。

要查看项目中隐藏的图元，如图 2-36 可以单击视图控制栏中显示隐藏的图元命令。

Revit 会将显示彩色边框，所有被隐藏的图元均会显示为亮红色。

　　如图 2-37 所示，单击选择被隐藏的图元，单击"显示隐藏的图元"面板中"取消隐藏图元"选项可以恢复图元在视图中的显示。注意恢复图元显示后，务必单击"切换显示隐藏图元模式"按钮或再次单击视图控制栏"显示隐藏图元"按钮返回正常显示模式。

　　【提示】也可以在选择隐藏的图元后单击鼠标右键，在右键菜单中选择"取消在视图中隐藏"子菜单中"按图元"，取消图元的隐藏。

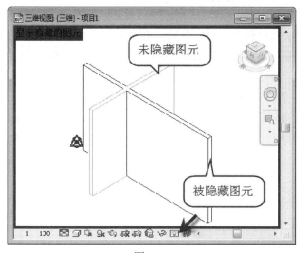

图 2-36

图 2-37

　　7. 显示/隐藏渲染对话框（仅三维视图才可使用）

　　单击该按钮，将打开渲染对话框，以便对渲染质量、光照等进行详细的设置。Revit 采用 Mental Ray 渲染器进行渲染。本书第 14 章中，将详细介绍如何在 Revit 中进行渲染。读者可以参考该章节的相关内容。

　　8. 解锁/锁定三维视图（仅三维视图才可使用）

　　如果需要在三维视图中进行三维尺寸标注及添加文字注释信息，需要先锁定三维视图。单击该工具将创建新的锁定三维视图。锁定的三维视图不能旋转，但可以平移和缩放。在创建三维详图大样时，将使用该方式。

　　9. 分析模型的可见性

　　临时仅显示分析模型类别：结构图元的分析线会显示一个临时视图模式，隐藏项目视图中的物理模型并仅显示分析模型类别，这是一种临时状态，并不会随项目一起保存，清除此选项则退出临时分析模型视图。

2.3　图元基本操作

2.3.1　图元选择

　　在 Revit 中，要对图元进行修改和编辑，必须选择图元。在 Revit 中可以使用 3 种方式进行图元的选择，即单击选择、框选和按过滤器选择。

1. 单击选择

移动光标至任意图元上，Revit 将高亮显示该图元并在状态栏中显示有关该图元的信息，单击鼠标左键将选择被高亮显示的图元。在选择时如果多个图元彼此重叠，可以移动光标至图元位置，循环按键盘 Tab 键，Revit 将循环高亮预览显示各图元，当要选择的图元高亮显示后单击鼠标左键将选择该图元。

【提示】按 Shift+Tab 键可以按相反的顺序循环切换图元。

如图 2-38 所示。要选择多个图元，可以按住键盘 Ctrl 键后，再次单击要添加到选择集中的图元；如果按住键盘 Shift 键单击已选择的图元，将从选择集中取消该图元的选择。

Revit 中，当选择多个图元时，可以将当前选择的图元选择集进行保存，保存后的选择集可以随时被调用。如图 2-39 所示，选择多个图元后，单击"选择"面板中"保存"按钮，即可弹出"保存选择"对话框，输入选择集的名称，即可保存该选择集。要调用已保存的选择集，单击"管理"选项卡"选择"面板中的"载入"按钮，将弹出"恢复过滤器"对话框，在列表中选择已保存的选择集名称即可。

图 2-38　　　　　　　　　　　　　　　　　　图 2-39

2. 框选

将光标放在要选择的图元一侧，并对角拖曳光标以形成矩形边界，可以绘制选择范围框。当从左至右拖曳光标绘制范围框时，将生成实线范围框。被实线范围框全部位包围的图元才能选中；当从右至左拖曳光标绘制范围框时，将生成虚线范围框，所有被完全包围或与范围框边界相交的图元均可被选中，如图 2-40 所示。

选择多个图元时，在状态栏过滤器 ∇:4 中能查看到图元种类；或者在过滤器中，取消部分图元的选择。

3. 特性选择

鼠标左键单击图元，选中后高亮显示；再在图元上单击鼠标右键，用"选择全部实例"工具，在项目或视图中选择某一图元或族类型的所有实例。有公共端点的图元，在连接的构件上单击鼠标右键，然后单击"选择连接的图元"，能把这些同端点链接图元一起选中，如图 2-41 所示。

图 2-40

图 2-41

2.3.2　图元编辑

如图 2-42 所示，在修改面板中，Revit 提供了修改、移动、复制、镜像、旋转等命令，利用这些命令可以对图元进行编辑和修改操作。

图 2-42

移动 ✛：能将一个或多个图元从一个位置移动到另一个位置。移动的时候，可以选择图元上某点或某线来移动，也可以在空白处随意移动。

【快捷键】移动命令的默认快捷键为 MV。

复制 ⬚：可复制一个或多个选定图元，并生成副本。点选图元，使用复制命令时，选项栏如图 2-43 所示。可以通过勾选"多个"选项进实现连续复制图元。

图 2-43

【快捷键】复制命令的默认快捷键为 CO。

阵列复制 ⊞：用于创建一个或多个相同图元的线性阵列或半径阵列。在族中使用阵列命令，可以方便的控制阵列图元的数量和间距，如百叶窗的百叶数量和间距。阵列后的图元会自动成组，如果要修改阵列后的图元，需进入编辑组命令，然后才能对成组图元进行修改。

【快捷键】阵列复制命令的默认快捷键为 AR。

对齐 ⬜：将一个或多个图元与选定位置对齐。如图 2-44 所示，使用对齐工具时，要求先单击选择对齐的目标位置，再单击选择要移动的对象图元，让你选择的对象将自动对齐至目标位置。对齐工具可以任意的图元或参照平面为目标，在选择墙对象图元时，还可以在选项栏中指定首选的参照墙的位置；要将多个对象对齐至目标位置，勾选在选项栏中"多重对齐"选项即可。

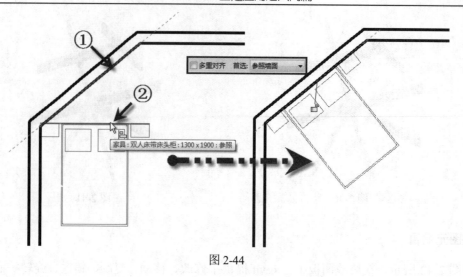

图 2-44

【提示】在使用"对齐"工具时，按住键盘 Ctrl 键，将自动进入"多重对齐"模式。

【快捷键】对齐工具的默认快捷键为 AL。

旋转 ○：使用"旋转"工具可使图元绕指定轴旋转。默认旋转中心位于图元中心，如图 2-45 所示，移动光标至旋转中心标记位置，按住鼠标左键不放将其拖拽至新的位置松开鼠标左键，可设置旋转中心的位置。然后单击确定起点旋转角边，再确定终点旋转角边，就能确定图元旋转后的位置。在执行旋转命令时，可以勾选选项栏中 "复制"选项可在旋转时创建所选图元的副本，而在原来位置上保留原始对象。

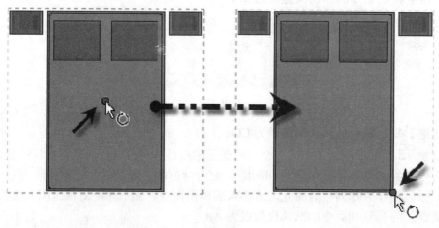

图 2-45

【快捷键】旋转命令的默认快捷键为 RO。

偏移 ⊥：使用偏移工具可以生成与所选择的模型线、详图线、墙或梁等图元进行复制或在与其长度垂直的方向移动指定的距离。如图 2-46 所示，可以在选项栏中指定拖曳图形方式或输入距离数值方式来偏移图元。不勾选复制时，生成偏移后的图元时将删除原图元（相当于移动图元）。

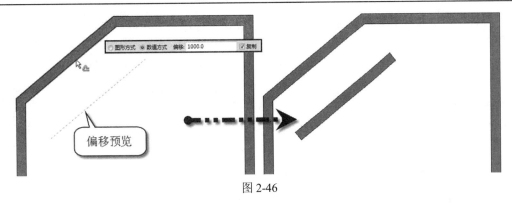

图 2-46

【快捷键】偏移命令的默认快捷键为 OF。

镜像 ："镜像"工具使用一条线作为镜像轴，对所选模型图元执行镜像（反转其位置）。确定镜像轴时，即可以拾取已有图元作为镜像轴，也可以绘制临时轴。通过选项栏，可以确定镜像操作时是否需要复制原对象。

修剪和延伸：如图 2-47 所示，修剪和延伸共有三个工具，从左至右分别为修剪/延伸为角，单个图元修剪和多个图元修剪工具。

图 2-47

【快捷键】修剪命延伸为角命令的默认快捷键为 TR。

如图 2-48 所示，使用"修剪"和"延伸"工具时必须先选择修剪或延伸的目标位置，再选择要修剪或延伸的对象即可。对于多个图元的修剪工具，可以在选择目标后，多次选择要修改的图元，这些图元都将延伸至所选择的目标位置。可以将这些工具用于墙、线、梁或支撑等图元的编辑。对于 MEP 中的管线，也可以使用这些工具进行编辑和修改。

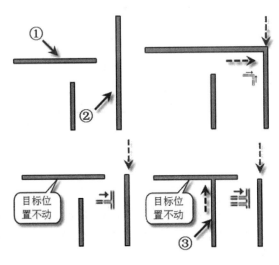

图 2-48

【提示】在修剪或延伸编辑时，鼠标单击拾取的图元位置将被保留。

拆分图元 ▣⋅▪ ▪⋅▣：拆分工具有两种使用方法即拆分图元和用间隙拆分，通过"拆分"工具，可将图元分割为两个单独的部分，可删除两个拾取点之间的线段，也可在两面墙之间创建定义的间隙。

删除图元 ✖：["删除"工具可将选定图元从绘图中删除，和用 Delete 命令直接删除效果一样。

【快捷键】删除命令的默认快捷键为 DE。

2.3.3　图元限制及临时尺寸

1. 应用尺寸标注的限制条件

在放置永久性尺寸标注时，可以锁定这些尺寸标注。锁定尺寸标注时，即创建了限制条件。选择限制条件的参照时，会显示该限制条件（虚线），如图 2-49 所示。

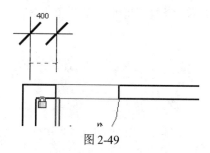

图 2-49

2. 相等限制条件

选择一个多段尺寸标注时，相等限制条件会在尺寸标注线附近显示为一个 EQ 符号。如果选择尺寸标注线的一个参照（如墙），则会出现 EQ 符号，在参照的中间会出现一条蓝色虚线，如图 2-50 所示。

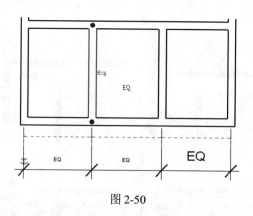

图 2-50

EQ 符号表示应用于尺寸标注参照的相等限制条件图元。当此限制条件处于活动状态时，参照（以图形表示的墙）之间会保持相等的距离。如果选择其中一面墙并移动它，则所有墙都将随之移动一段固定的距离。

3．临时尺寸

临时尺寸标注是相对最近的垂直构件进行创建的，并按照设置值进行递增。点选项目中的图元，图元周围就会出现蓝色的临时尺寸，修改尺寸上的数值，就可以修改图元位置。可以通过移动尺寸界线来修改临时尺寸标注，以参照所需构件，如图 2-51 所示。

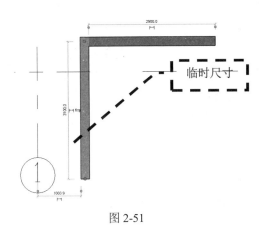

图 2-51

单击在临时尺寸标注附近出现的尺寸标注符号 ⊢⊣ ，然后即可修改新尺寸标注的属性和类型。

2.4　本章小结

本章通过实际操作，详细阐述了如何用鼠标配合键盘控制视图的浏览、缩放、旋转、等基本功能以及对图元的复制，移动，对齐，阵列的基本编辑操作；还介绍了通过尺寸标注来约束图元及临时尺寸标注修改图元位置。

这些内容都是 Revit 操作的基础，只有通过操作掌握基本的操作后，才能更加灵活的操作软件，创建和编辑各种复杂的模型。在本书后续章节中，还会通过实际操作讲解这些基本编辑工具的使用。

第3章 项目前的准备

本章提要：

➤ 了解项目的基本情况

➤ 了解项目模型创建的要求

➤ 熟悉教学楼项目的建筑平面图纸与立面图纸

从本章开始，将通过在 Revit 中进行操作，以教学楼项目为基础，从零开始在 Revit 中进行模型的创建。在进行模型创建之前，通过本章内容，读者应了解教学楼项目的基本情况。

3.1 项目情况介绍

3.1.1 项目概况

工程名称：教学楼

建筑面积：2478 m²

建筑层数：地上 3 层

建筑高度：13.50m

建筑的耐火等级为二级，设计使用年限为 50 年。

建筑结构为钢筋混凝土框架结构，抗震设防烈度为Ⅶ度，结构安全等级为二级。

本建筑室内±0.000 标高相对于绝对标高为 530.90。

3.1.2 模型创建要求

1）外墙采用 200mm 厚的加气混凝土砌块，外墙外部采用瓷砖贴面，内部采用乳胶漆喷涂。

2）内墙采用 200mm 厚的加气混凝土砌块，墙身内外均采用乳胶漆喷涂。

3）楼板层采用 120mm 厚的现浇钢筋混凝土，面层采用水磨石。

4）门窗均采用塑钢节能门窗。

图 3-1 为本项目模型的整体建筑造型。

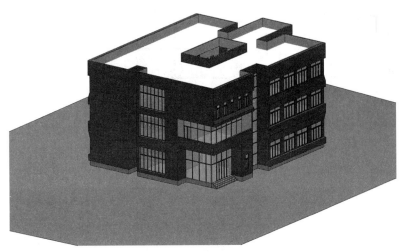

图 3-1

3.2 主要图纸

本教学楼项目包括建筑和结构两部分内容。教学楼项目建筑部分的各层平面主要尺寸见第 3.2.1 节所示。以下是在 Revit 中通过模型生成教学楼的图纸示意。详细图纸详见光盘"练习文件\第 3 章\图纸"目录下"教学楼项目图纸.pdf"文件。创建模型时，应严格按照图纸的尺寸进行创建。

3.2.1 项目各层平面

项目各层平面图如图 3-2～图 3-5 所示。图 3-2 为一层平面图，图 3-3 为 2 层平面图，图 3-4 为三层平面图，图 3-5 为层顶平面图。

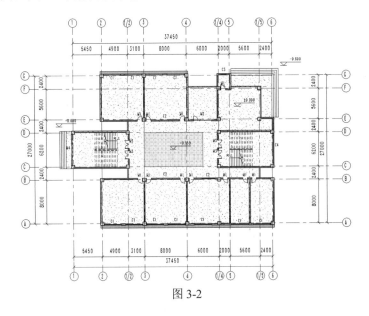

图 3-2

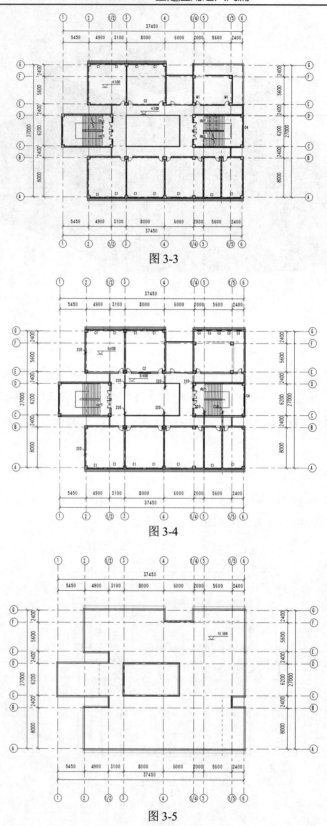

图 3-3

图 3-4

图 3-5

3.2.2 项目各立面

本项目各立面形式如图 3-6～图 3-9 所示。其中在北立面部分包含部分幕墙。各立面标高如图中所示。图 3-6 为北立面图，图 3-7 为南立面图，图 3-8 为东立面图，图 3-9 为西立面图。

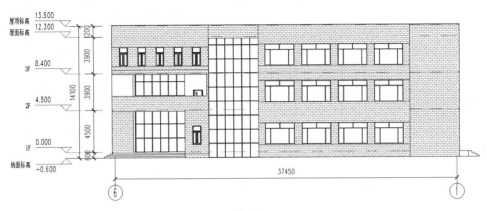

图 3-6

图 3-7

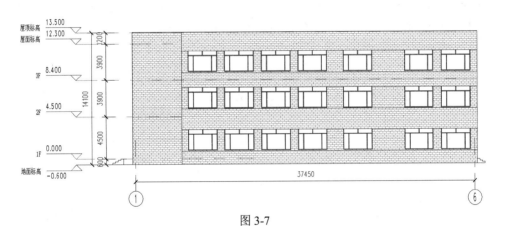

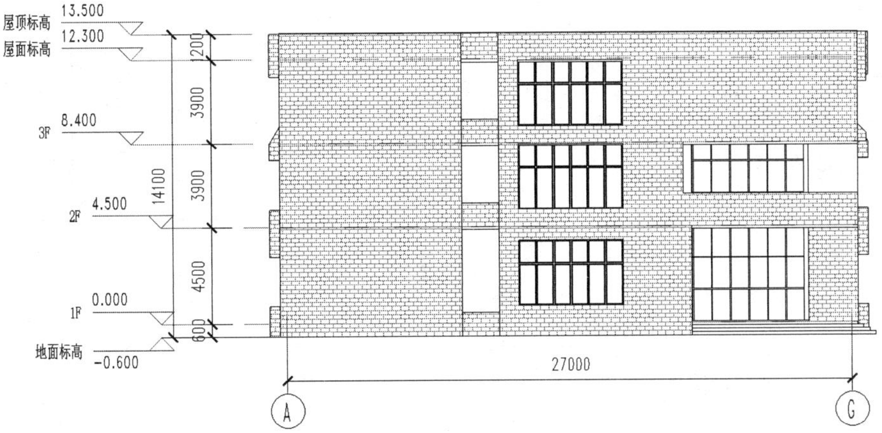

图 3-8

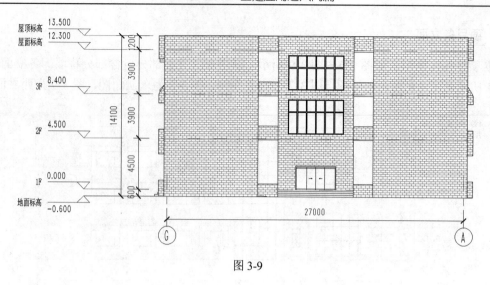

图 3-9

3.2.3　结构布置图

本项目中，除建筑部分外，还包含完整的结构柱、结构梁，在 Revit 中创建模型时，需要根据各结构构件的尺寸创建精确的结构部分模型。具体布置如图 3-10 和图 3-11 所示。

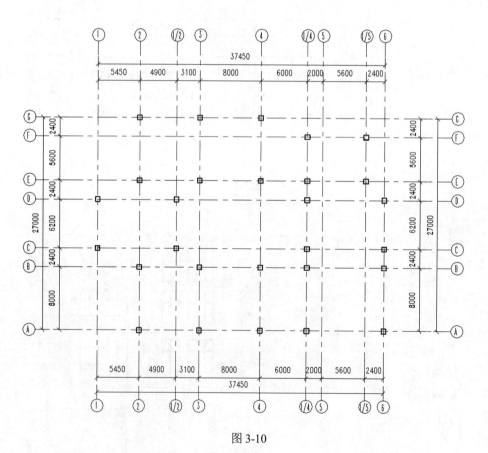

图 3-10

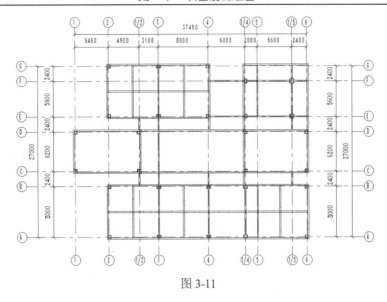

图 3-11

3.2.4　透视图

通过透视图，能够更加直观、准确的理解项目的整体概况。在 Revit 中，创建完成模型后可以根据需要生成任意角度的透视图。教学楼项目模型西南方向度透视图如图 3-12 所示。

图 3-12

结合本章各层的平面、立面尺寸值，可以在 Revit 中建立精确、完整的 BIM 模型。在本教材后面的章节中，将通过实际操作步骤，创建教学楼项目的建筑、结构模型，并使用该模型进行渲染、表现。

3.3　本章小结

本章主要介绍了该项目的一些基本情况，以及用 Revit Architecture 创建出来的模型造型。并通过软件生成的部分建筑平面图、立面图等，让大家有了一个项目的初步了解，在下一章中，将具体介绍如何用 Revit Architecture 实现这个项目。

第4章　创建轴网标高

本章提要：

➤ 理解标高和轴网的概念

➤ 掌握标高和轴网的创建方式

➤ 熟悉轴网的尺寸标注方式

标高和轴网是建筑设计中重要的定位信息，Revit 通过标高和轴网为建筑模型中各构件的空间定位关系。在 Revit 中要完成设计项目，可以从项目的标高和轴网开始，再根据标高和轴网信息建立建筑中墙、门、窗等模型构件。

4.1　创建项目标高

标高用于反映建筑构件在高度方向上的定位情况，因此在 Revit 中开始进行建筑设计前，应先对项目的层高和标高信息作出整体规划。

下面以教学楼项目为例，介绍在 Revit 中创建项目标高的一般步骤。

1）启动 Revit，默认将打开"最近使用的文件"页面。单击左上角的"应用程序菜单"按钮，在列表中选择"新建→项目"命令，弹出"新建项目"对话框，如图 4-1 所示。在"样板文件"的选项中选择"建筑样板"，确认"新建"类型为项目，单击"确定"按钮，即完成了新项目的创建。

图 4-1

【提示】选择样板文件时，可通过点击"浏览"按钮选择除默认外其他类型的样板文件。

2）默认将打开"标高 1"楼层平面视图。在项目浏览器中展开"立面"视图类别，双击"南立面"视图名称，切换至南立面。在南立面视图中，显示项目样板中设置的默认标高"标高 1"和"标高 2"，且"标高 1"的标高为±0.000m，"标高 2"的标高为 4.000m，如图 4-2 所示。

3）在视图中适当放大标高右侧标头位置，单击鼠标左键选中"标高 1"文字部分，进入文本编辑状态，将"标高 1"改为"1F"后点击回车，会弹出"是否希望重命名相应视图"对话框，选择"是"，如图 4-3 所示。采用同样的方法将"标高 2"改为"2F"。

4）移动光标至"标高 2"标高值位置，双击标高值，进入标高值文本编辑状态。按键盘上的 Delete 键，删除文本编辑框内的数字，键入"4.5"后按回车键确认。此时 Revit 将修改"2F"的标高值为 4.5m，并自动向上移动"2F"标高线，如图 4-4 所示。

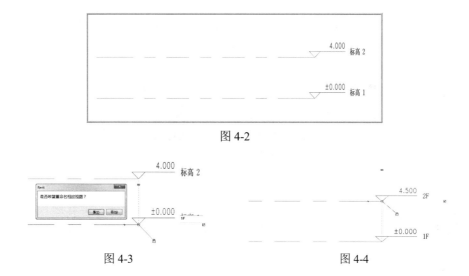

图 4-2

图 4-3　　　　　　　　　　　　　　　　　　图 4-4

【提示】在样板文件中，已设置标高对象标高值的单位为 m，因此在标高值处输入 4.5，Revit 将自动换算成项目单位 4500mm。

5）如图 4-5 所示，单击"建筑"选项卡"基准"面板中"标高"工具，进入放置标高模式，Revit 将自动切换至"放置标高"上下文选项卡。

图 4-5

6）采用默认设置，移动光标至标高 2F 左侧上方任意位置，Revit 将在光标与标高 2F 间显示临时尺寸，指示光标位置与 2F 标高的距离。移动光标，当光标位置与标高 2F 端点对齐时，Revit 将捕捉已有标高端点并显示端点对齐蓝色虚线，再通过键盘输入标高 3F 与标高 2F 的标高差值"3900"，如图 4-6 所示。单击鼠标左键，确定标高 3F 起点。

【提示】标高的左右标头可以通过点选标高线左右两侧的小方框来选择显示或隐藏。

图 4-6

7）沿水平方向向右移动光标，在起点位置和光标间绘制标高。适当放大视图，当光标移动至已有标高右侧端点时，Revit 将显示端点对齐位置，单击鼠标左键完成标高 3F 的绘制，并按步骤 3）修改标高 3F 的名称。

8）单击选择新绘制的标高 3F，在"修改"面板中单击"复制"工具，勾选选项栏中的"约束"和"多个"选项，如图 4-7 所示。

图 4-7

9）单击标高 3F 上任意一点作为复制基点，向上移动光标，使用键盘输入数值"3900"并按回车确认，作为第一次复制的距离，Revit 将自动在标高 3F 上方 3900mm 处生成新标高 3G；继续向上移动光标，使用键盘输入"1200"，并按回车键确认，作为第二次复制的距离，Revit 将自动在标高 3G 上方 1200mm 处生成新标高 3H；按 ESC 键完成复制操作。单击标高 3G 标头标高名称文字，进入文字修改状态，修改标高 3G 的名称改为"屋面标高"。使用类似的方式将标高 3H 的名称改为"屋顶标高"，结果如图 4-8 所示。

10）单击选择标高 1F，在"修改"面板中单击"复制"工具，再单击标高 1F 上任意一点作为复制基点，向下移动光标，使用键盘输入数值"600"并按回车确认，作为复制的距离，Revit 将自动在标高 1F 下方 600mm 处生成新标高 3I，修改其标高名称为"地面标高"，结果如图 4-9 所示。

【提示】采用复制方式创建的标高，Revit 不会为该标高生成楼层平面视图。

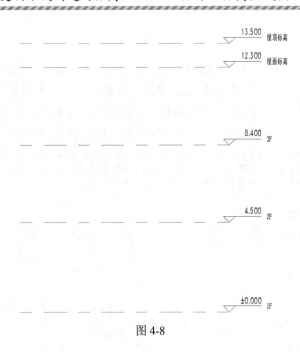

图 4-8

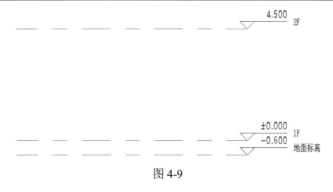

图 4-9

11）如图 4-10 所示，单击"视图"选项卡"创建"面板中"平面视图"按钮，选择"楼层平面"工具，Revit 将打开"新建楼层平面"对话框。

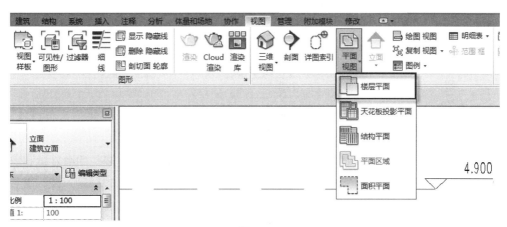

图 4-10

12）如图 4-11 所示，在"新建楼层平面"对话框中按住键盘"Ctrl"键同时分别单击"地面标高"、"屋面标高"和"屋顶标高"，选择中这些标高，然后按"确定"按钮，Revit 将在项目浏览器中创建与标高同名的楼层平面视图。

13）双击鼠标中键缩放显示当前视图中全部图元，此时已在 Revit 中完成了教学楼项目的标高绘制，结果如图 4-12 所示。在项目浏览器中，切换至"东"立面视图，注意在东立面视图中，已生成与南立面完全相同的标高。

14）单击"应用程序菜单"按钮，在弹出的菜单中选择"保存"命令，弹出"另存为"对话框，指定保存位置并命名为"4.1"，单击"保存"按钮，将项目保存为.rvt 格式文件。

在 Revit 中，标高对象实质为一组平行的水平面，该标高平面会投影显示在所有的立面或剖面视图当中。因此在任意立面视图中绘制标高图元后，会在其余相关标高中生成与当前绘制视图中完全相同的标高。

图 4-11

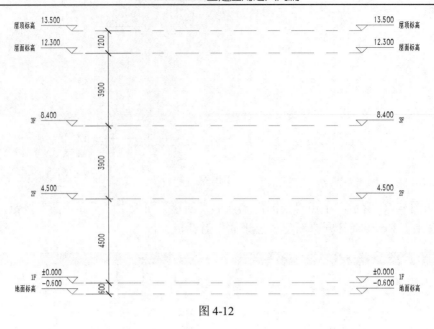

图 4-12

4.2　创建项目轴网

标高创建完成以后，可以切换至任何平面视图，例如楼层平面视图，创建和编辑轴网。轴网用于在平面视图中定位图元，Revit 提供了"轴网"工具，用于创建轴网对象，其操作与创建标高的操作一致。下面继续为教学楼项目创建轴网。

1）接上节练习，或打开光盘"练习文件\第 4 章\4.1.rvt"项目文件，切换至 1F 楼层平面视图。

2）如图 4-13 所示，单击"建筑"选项卡"基准"面板中"轴网"工具，自动切换至"放置轴网"上下文选项卡中，进入轴网放置状态。

图 4-13

3）单击"属性"面板中"编辑类型"按钮，弹出"类型属性"对话框。如图 4-14 所示，单击"符号"参数值下拉列表，在列表中选择"符号_单圈轴号：宽度系数 0.5"；在"轴线中段"参数值下拉列表中选择"连续"，"轴线末端颜色"选择"红色"，并勾选"平面视图轴号端点 1"和"平面视图轴号端点 2"，单击"确定"按钮退出"类型属性"对话框。

【提示】"符号"参数列表中的族为当前项目中已载入的轴网标头族及其类型。Revit允许用户自定义该标头族，并在项目中使用。在标高对象的"类型属性"对话框中，也将看到类似的设置。

图 4-14

4）移动光标至空白视图左下角空白处单击，确定第 1 条垂直轴线起点，沿垂直方向向上移动光标，Revit 将在光标位置与起点之间显示轴线预览，当光标移动至左上角位置时，单击鼠标左键完成第一条垂直轴线的绘制，并自动将该轴线编号为"1"。

【提示】在绘制时，当光标处于垂直或水平方向时，Revit 将显示垂直或水平方向捕捉。在绘制时按住键盘 Shift 键，可将光标锁定在水平或垂直方向。

5）确认 Revit 仍处于放置轴线状态。移动鼠标光标至上一步中绘制完成的轴线 1 起始端点右侧任意位置，Revit 将自动捕捉该轴线的起点，给出端点对齐捕捉参考线，并在光标与轴线 1 间显示临时尺寸标注，指示光标与轴线 1 的间距。利用键盘输入"5450"并按下回车，将在距轴线 1 右侧 5450mm 处确定第二根垂直轴线起点，如图 4-15 所示。

6）沿垂直方向移动鼠标，直到捕捉到轴线 1 上方端点时点击鼠标左键，完成第 2 根垂直轴线的绘制，该轴线自动编号为"2"。按"Esc"键两次退出放置轴网模式。

7）单击选择新绘制的轴线 2，在修改面板中单击"复制"工具，确认勾选选项栏"约束"和"多个"选项。单击轴线 2 上任意一点作为复制基点，向右移动鼠标，使用键盘输入数值"4900"并按回车确认，作为第一次复制的距离，Revit 将自动在轴线 2 右方 4900mm 处生成轴线 3。按 Esc 键两次退出复制模式。

8）选择上一步绘制的轴线 3，双击轴网标头中的轴网编号，进入编号文本编辑状态，删除原有标号值，利用键盘输入"1/2"，按回车确认修改，该轴线编号将修改为"1/2"。

9）使用复制的方式在轴线 1/2 的右侧复制生成垂直方向的其他垂直轴线，间距依次为 3100mm、8000mm、6000mm、2000mm、5600mm、2400mm，依次修改编号为 3、4、1/4、5、1/5、6，如图 4-16 所示。

图 4-15

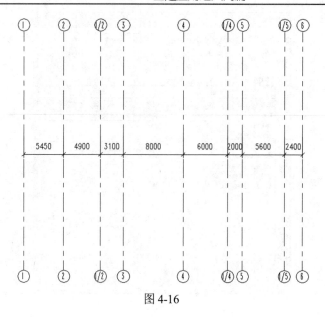

图 4-16

【提示】默认 Revit 会按上一次修改的编号加 1 的方式命名新生成的轴网编号。因此，可以先复制生成 2、3、4、5、6 轴号后，再复制生成各分轴号轴网。

10）单击"轴网"工具，移动光标至空白视图左下角空白处单击，确定水平轴线起点，沿水平方向向右移动光标，Revit 将在光标位置与起点之间显示轴线预览，当光标移动至右侧适当位置时，单击鼠标左键完成第一条水平轴线的绘制，修改其轴线编号为"A"。按 Esc 两次退出放置轴网模式。

11）单击选择新绘制的水平轴线 A，单击修改面板中"复制"工具，拾取轴线 A 上任意一点作为复制基点，垂直向上移动鼠标，依次输入复制间距为 8000mm、2400mm、6200mm、2400mm、5600mm、2400mm，轴线编号将由 Revit 自动生成为 B、C、D、E、F、G，适当缩放视图，观察 Revit 已完成了教学楼项目的轴网绘制，结果如图 4-17 所示。

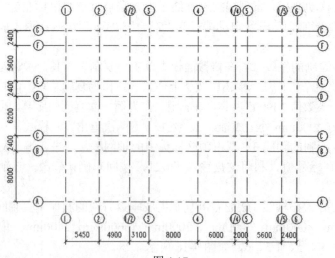

图 4-17

12）切换至其它楼层平面视图，注意 Revit 已在其它楼层平面视图中生成相同的轴网。切换至"南"立面视图，注意在南立面视图中，也已生成 1~6 轴网投影。

13）单击"应用程序菜单"按钮，在弹出的菜单中选择"保存"命令保存该文件，或打开光盘"练习文件\第 4 章\4.2.rvt"查看最终完成轴网状态。

与标高类似，在 Revit 中轴网为一组垂直于标高平面的垂直平面。且轴网具备楼层平面视图中的长度及立面视图中的高度属性，因此会在所有相关视图中生成轴网投影。

4.3　标注轴网

绘制完成轴网后，可以使用 Revit "注释"选项卡中"对齐尺寸标注"功能，为各楼层平面视图中的轴网添加尺寸标注。为了美观，在标注之前，应对轴网的长度进行适当修改。

1）接上节练习，或打开光盘"练习文件\第 4 章\4-2.rvt"项目文件，切换至 1F 楼层平面视图。

2）单击轴网 1，选择该轴网图元，自动进入到"修改|轴网"上下文选项卡。如图 4-18 所示，移动鼠标至轴线 1 标头与轴线连接处圆圈位置，按住鼠标左键不放，垂直向下移动鼠标，拖动该位置至图中所示位置后松开鼠标左键，Revit 将修改已有轴线长度。注意，由于 Revit 默认会使所有同侧同方向轴线保持标头对齐状态，因此修改任意轴网后，同侧同方向的轴线标头位置将同时被修改。

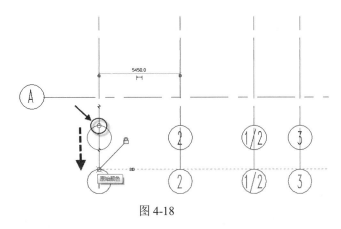

图 4-18

3）使用相同的方式，适当修改水平方向轴线长度。切换至 2F 楼层平面视图，注意该视图中，轴网长度已经被同时修改。

4）如图 4-19 所示，单击"注释"选项卡"尺寸标注"面板中"对齐尺寸标注"工具，Revit 进入放置尺寸标注模式。

图 4-19

3）在"属性"面板类型选择器中，选择当前标注类型为"对角线-3mm RomanD"。移动光标至轴线 1 任意一点，单击鼠标左键作为对齐尺寸标注的起点，向右移动鼠标至轴线 2 上任一点并单击鼠标左键，以此类推，分别拾取并单击轴线 1/2、轴线 3、轴线 4、轴线 1/4、轴线 5、轴线 1/5、轴线 6，完成后向下移动鼠标至轴线下适当位置点击空白处，即完成垂直轴线的尺寸标注，结果如图 4-20 所示。

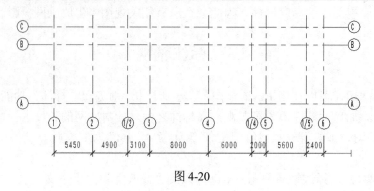

图 4-20

4）确认仍处于对齐尺寸标注状态。依次拾取轴线 1 及轴线 6，在上一步骤中创建尺寸线下方单击放置生成总尺寸线。

【提示】对齐尺寸标注仅可对互相平行的对象进行尺寸标注。

5）重复上一步骤，使用相同的方式完成项目水平轴线的两道尺寸标注，结果如图 4-21 所示。

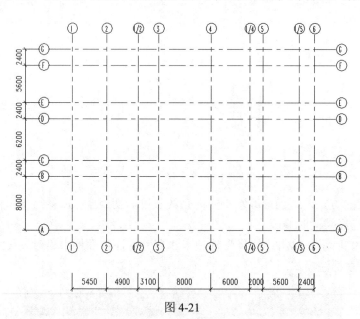

图 4-21

6）切换至 2F 楼层平面视图，注意该视图中并未生成尺寸标注。再次切换回 1F 楼层平面视图，配合键盘 Ctrl 键，选择已添加的尺寸标注，自动切换至"修改|尺寸标注"上下文选项卡。如图 4-22 所示，单击"剪贴板"面板中"复制到剪贴板"按钮，配合使用"粘贴"下拉列表中"与选定的视图对齐"选项，将弹出"选择视图"对话框。

7）如图 4-23 所示，在"选择视图"对话框列表中，配合使用 Ctrl 键，依次单击选择"楼层平面：2F"、"楼层平面：3F"、"楼层平面：屋面标高"、"楼层平面：屋顶标高"，单击"确定"按钮退出"选择视图"对话框。

图 4-22

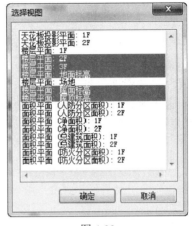

图 4-23

8）切换至 2F 楼层平面视图。注意所选择尺寸标注已经出现在当前视图中。使用相同的方式查看其它视图中的轴网尺寸标注。

9）保存该项目文件，或打开光盘"练习文件\第 4 章\4.3.rvt"项目文件，查看最终操作结果。

除逐个为轴网添加尺寸标注外，还可以利用自动标注功能批量生成轴网的尺寸标注。具体方法如下：首先使用"墙"工具绘制任意一面穿过所有垂直或水平轴网的墙体。单击"注释"选项卡中"尺寸标注"面板中"对齐尺寸标注"命令，并在选项栏选"拾取：整个墙"，并单击后面的"选项"按钮，在"自动尺寸标注选项"对话框中勾选"相交轴网"，如图 4-24 所示。然后单击墙体即可为所有与该墙相交的轴网图元生成尺寸，再次单击空白位置确定尺寸线位置即可。

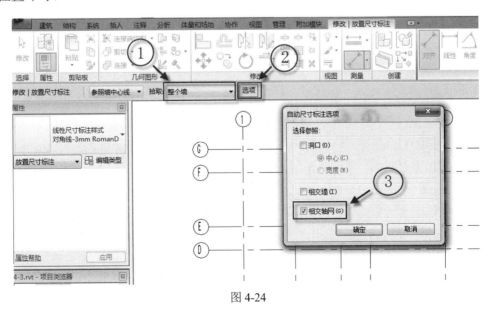

图 4-24

　　默认 Revit 会为墙两端点位置生成尺寸标注，删除墙体图元时，墙两侧端点的尺寸标注即可自动删除。在后面章节中将详细介绍墙的生成，读者可参考相关内容。

　　在添加轴网后，还应分别在南立面与东立面视图中，采用与修改轴网长度相同的方式修改标高的长度，使之穿过所有轴网。请读者自行尝试该操作，在此不再赘述。

4.4　本章小结

　　本章结合教学楼项目主要介绍了项目标高和项目轴网的创建过程，以及如何完成轴网的尺寸标注。这些内容是一个新建项目的基础，在下一章中，将按照教学楼项目的创建流程介绍 Revit 中关于建筑结构柱的布置方法。

第 5 章　布置结构柱

本章提要：

➢ 掌握结构柱的创建

➢ 熟悉结构柱的编辑

➢ 熟悉建筑柱的创建

第 4 章完成了标高和轴网项目定位信息，本章开始按楼层标高逐步完成教学楼项目的三维模型。按照建筑设计习惯，首先创建柱网。

Revit 提供两种柱，即结构柱和建筑柱。建筑柱适用于墙垛、装饰柱等。在框架结构设计中，结构柱是用来支撑上部结构并将荷载传至基础的竖向构件，在平面视图中结构柱截面与墙截面各自独立。本章首先介绍结构柱的创建，在布置结构柱前需确认已创建结构平面视图。

5.1　创建结构柱

在教学楼项目中，可以从 1F 标高开始，分层创建各层结构柱。接下来，将根据已完成的标高轴网，继续创建教学楼项目结构柱。要创建结构柱，必须首先定义项目中需要的结构柱类型。

1）接 4.3 节练习，或打开光盘"练习文件\第 4 章\4.3.rvt"项目文件。切换至 1F 楼层平面视图，单击"结构"选项卡"结构"面板中"柱"工具，进入结构柱放置模式。自动切换至"修改|放置结构柱"上下文选项卡，如图 5-1 所示。

图 5-1

　　【提示】在"建筑"选项卡"构建"面板"柱"下拉列表中，提供了"结构柱"选项。其功能及用法与"结构"选项卡中"柱"工具相同。

2）确认"属性"面板"类型选择"列表中当前柱族名称为"混凝土-矩形-柱"。如图 5-2 所示，单击"属性"面板中"编辑类型"按钮，打开"类型属性"对话框。

3）如图 5-3 所示，在"类型属性"对话框中，单击"复制"按钮，在弹出的"名称"对话框中输入"600×600mm"作为新类型名称，完成后单击"确定"按钮返回类型属性对话框。

图 5-2   图 5-3

4）修改类型参数"b"和"h"（分别代表结构柱的截面宽度和深度）的"值"均为600。完成后单击"确定"按钮退出"类型属性"对话框，完成设置。

> 【提示】结构柱类型属性中参数内容主要取决于结构族中的参数定义。不同结构柱族可用的参数可能会不同。

5）如图5-4所示，确认"放置"面板中柱的生成方式为"垂直柱"；修改选项栏中结构柱的生成方式为"高度"，在其后下拉列表中选择结构柱到达的标高为2F。

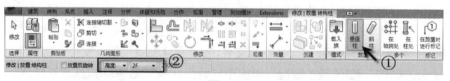

图 5-4

> 【提示】"高度"是指创建的结构柱将以当前视图所在标高为底，通过设置顶部标高的形式生成结构柱，所生成的结构柱在当前楼层平面标高之上；"深度"是指创建的结构柱以当前视图所在标高为顶，通过设置底部标高的形式生成结构柱，所生成的结构柱在当前楼层平面标高之下。

可以在选定的轴线交点处批量放置截面相同的结构柱，

6）单击功能区"多个"面板中"在轴网处"工具，进入"在轴网交点处"放置结构柱模式，自动切换至"修改|放置结构柱"的"在轴网交点处"上下文选项卡。如图5-5所示，移动鼠标至C轴线与1轴线交点右下方位置按住并拖动鼠标直到D轴线与1轴线交点左上方位置，生成虚线选择框，则上述被选择的轴线变成蓝色显示，并在选择框内所选轴线交点处出现结构柱的预览图形，单击"多个"面板中"完成"按钮，Revit将在预览位置生成结构柱。

7）使用类似的方式继续创建1/2轴线、1/4轴线、1/5轴线、6轴线的结构柱，结果如图5-6所示。

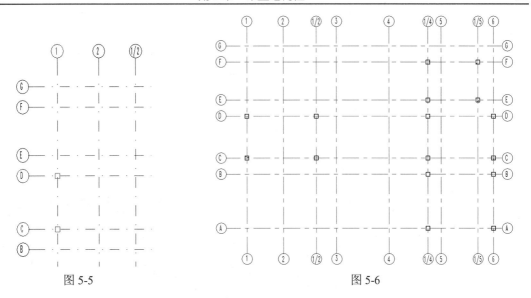

图 5-5　　　　　　　　　　　　　　　　　　图 5-6

8）保存该文件。或打开光盘"练习文件\第 5 章\5.1.rvt"项目文件查看最终操作结果。

在通过选项栏指定结构柱标高时，还可以选择"未连接"选项。该选项允许用户通过在后面高度值栏中输入结构柱的实际高度值。

5.2　手动放置结构柱

除可以基于轴网的交点放置结构柱外，还可以单击手动放置结构柱，并配合使用复制、阵列、镜像等图元修改工具对结构柱进行修改。本节将采用手动放置结构柱方式创建 1F 标高其余结构柱。

1）接上节练习，或打开光盘"练习文件\第 5 章\5.1.rvt"项目文件。切换至 1F 楼层平面视图。单击"结构"选项卡"柱"工具，进入"修改|放置结构柱"上下文选项卡。确认结构柱创建方式为"垂直"；不勾选选项栏"放置后旋转"选项；设置结构柱生成方式为"高度"；设置结构柱到达标高为"2F"。

2）确认当前结构柱类型为上一节中创建的"600×600mm"。移动鼠标光标分别捕捉至 2 轴线和 A、B、E、G 轴线交点位置单击放置 4 根 600×600mm 结构柱。按 Esc 键两次结束"结构柱"命令。

3）选择上一步中创建的 4 根结构柱。自动切换至"修改|结构柱"上下文选项卡。单击"修改"面板中的"复制"工具，确认勾选选项栏"约束"选项，同时勾选选项栏"多个"选项，捕捉 2 轴线任意一点单击作为复制的基点，水平向右移动鼠标，捕捉至 3 轴线，3 轴线交点位置将会出现结构柱的预览图形，单击鼠标左键完成复制，继续水平向右移动鼠标，捕捉至 4 轴线，单击鼠标左键完成复制，按 Esc 键两次退出复制工具，如图 5-7 所示，。

4）选中 1F 楼层平面视图中所有结构柱。如图 5-8 所示，单击"修改|结构柱"选项卡"剪贴板"面板中的"复制"命令，再单击"剪贴板"面板中的"粘贴"工具下方的下拉三角箭头，从下拉菜单中选择"与选定标高对齐"选项，弹出"选择标高"对话框。在列表中选择"2F"、"3F"，单击"确定"按钮，将结构柱对齐粘贴至 2F、3F 标高位置。

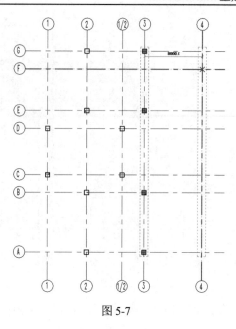

图 5-7

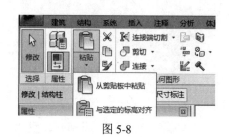

图 5-8

5）切换至 2F 楼层平面视图，已在当前标高中生成相同类型的结构柱图元。选择所有结构柱，将结构柱"属性"面板中"底部标高"与"顶部标高"分别设置为"2F"、"3F"，"底部偏移"和"顶部偏移"均为"0.00"。切换至 3F 楼层平面视图，已在当前标高中生成相同类型的结构柱图元。选择所有结构柱，将结构柱"属性"面板中"底部标高"与"顶部标高"分别设置为"3F"、"屋面标高"，"底部偏移"和"顶部偏移"均为"0.00"。

接下来，需修改 1F 标高的结构柱底部高度至基础顶面位置。

6）切换至 1F 楼层平面视图。

7）选中所有结构柱，如图 5-9 所示，确认"属性"选项板柱"底部标高"所在标高 1F，修改"底部偏移"值为-1500mm，完成后，单击"应用"按钮应用该值，Revit 将修改所选结构柱图元的高度。切换至默认三维视图，完成后的结构柱如图 5-10 所示。

图 5-9

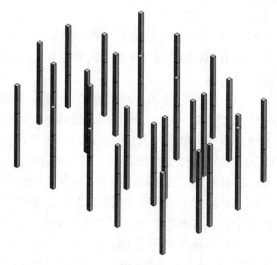

图 5-10

8）保存该项目文件。或打开光盘"练习文件\第 5 章\5.2.rvt"项目文件查看最终操作结果。

创建结构柱时，默认会勾选"属性"面板中"房间边界"选项。计算房间面积时，自动将扣减柱的占位面积。Revit 默认还会勾选结构柱的"随轴网移动"选项，勾选该选项时，当移动轴网时，位于轴网交点位置的结构柱将随轴网一起移动。

选中 1F 结构柱，修改"顶部偏移"标高值为屋面标高，可生成贯穿标高 2F、3F 结构柱。该结构柱可在 2F、3F 楼层平面视图中均可产生正确的投影。使用该方法创建的结构柱为单一模型图元，而使用对齐粘贴方式生成的各标高结构柱，各标高间结构柱图元相互独立。

5.3　布置建筑柱

创建建筑的方法与结构柱类似，可以采用手动放置建筑柱，使用复制、阵列、镜像等命令快速创建其余建筑柱。建筑柱可以自动继承其连接到的墙体等主体构件的材质，因此当创建好结构柱后可以通过创建建筑柱来形成结构柱的外装饰图层。

1）接上节练习，或打开光盘"练习文件\第 5 章\5.2.rvt"项目文件。切换至 1F 楼层平面视图。单击"建筑"选项卡"柱"工具黑色下拉三角箭头，从下拉菜单中选择"建筑柱"选项。自动切换至"修改|放置柱"上下文选项卡。

2）确认"属性"面板"类型选择器"中当前柱类型为"矩形柱：600×600mm"；打开"类型属性"对话框，复制新建名称为"620×620mm"新柱类型。

3）分别修改别设置其"深度"和"宽度"参数的值为 620，完成后单击"确定"按钮退出"类型属性"对话框。

4）不勾选选项栏"放置后旋转"选项；设置建筑柱的生成方式为"高度"，修改标高为"2F"，确认勾选"房间边界"选项。

【提示】选项栏中"放置后旋转"可在放置柱后对其进行旋转操作；勾选"房间边界"选项后，Revit 会在计算房间面积时自动扣减柱子面积。

5）移动光标至已有结构柱位置，捕捉其中心点单击放置建筑柱。完成后切换至默认三维视图，结果如图 5-11 所示。

图 5-11

6）可看到 1F 建筑柱并没有随 1 层结构柱发生底部偏移。如图 5-12 所示，在三维视图模式下选择任意已创建的建筑柱，单击鼠标右键，在弹出右键菜单中选择"选择全部实例→在视图中可见"选项，将选择第 5 步操作中创建的所有建筑柱。

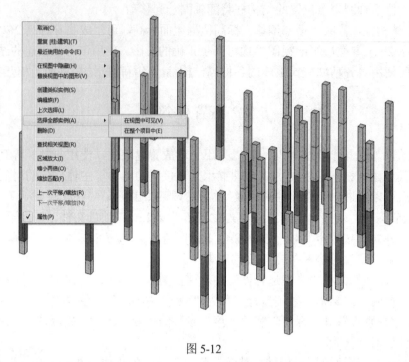

图 5-12

7）确认"属性"选项板中"底部标高"值为"1F"，修改"底部偏移"值为-1500；修改"顶部标高"值为"屋面标高"，确认"顶部偏移"值为 0，单击"应用"按钮应用该设置，Revit 将按指定参数重新生成建筑柱。

8）保存项目文件。或打开光盘"练习文件\第 5 章\5.3.rvt"项目文件查看最终操作结果。

建筑柱和结构柱均为可载入族。可以通过载入不同的族，生成不同形式的柱模型。要载入柱族，在使用柱工具时，单击"模型"面板的"载入族"工具将打开"载入族"对话框，浏览至 Revit 的公制库（Metric Library），然后从"柱"目录中选择需要的柱子族文件，单击"打开"即可载入当前项目文件中使用。也可以通过"插入"选项卡"从库中载入"面板中"载入族"工具将族预先载入至项目中。

5.4　本章小结

本章结合教学楼项目介绍了 Revit 中结构柱和建筑柱的布置方法和步骤，以及建筑柱与结构柱的本质区别，在下一章中将使用 Revit 中墙工具，继续完成教学楼项目模型设计。

第6章　创建墙体

本章提要：

➢ 掌握如何定义墙体的类型

➢ 掌握墙体的绘制流程

通过上一章的学习，已经建立了教学楼项目的标高、轴网以及柱网的信息。从本章开始，将为教学楼创建墙体。

在进行墙体的绘制时，需要根据墙的用途及功能，例如墙体的高度、墙体的构造、立面显示、内墙和外墙的区别等，分别创建不同的墙类型。本章将会为读者介绍创建墙体的主要流程。

6.1　创建主体墙体

6.1.1　定义墙体类型

在 Revit 中提供了墙工具，允许用户使用该工具创建不同形式的墙体。Revit 提供了建筑墙、结构墙和面墙三种不同的墙体创建方式。建筑墙主要用于创建建筑的隔墙，结构墙的用法与建筑墙完全相同，但使用结构墙工具创建的墙体，可以在结构专业中为墙图元指定结构受力计算模型，并为墙配置钢筋，因此该工具可以用于创建剪力墙等墙图元。面墙则根据创建或导入的体量表面生成异形的墙体图元。在教学楼项目中，可以使用建筑墙工具完成所有墙体的创建。

在创建前需要根据墙体构造对墙的结构参数进行定义。墙结构参数包括了墙体的厚度、做法、材质、功能等。教学楼项目的墙体可以分为两大类，一类是外墙，一类是内墙。外墙的做法从外到内依次为 10 厚外贴砖、200 厚加气混凝土砌块、10 厚内抹灰；内墙的做法是从外到内依次是 10 厚抹灰、200 厚加气混凝土砌块、10 厚内抹灰。接下来，通过实际操作学习如何定义墙体类型。首先，将定义教学楼项目的外墙结构，并在定义过程中，为各构造层指定材质。

1）接 5.3 节练习，或打开光盘"练习文件\第 5 章\5.3.rvt"项目文件。如图 6-1 所示，单击"建筑"选项卡"构建"面板"墙"工具下拉列表，在列表中选择"墙：建筑"工具，进入墙绘制状态，自动切换至"修改|放置墙"上下文选项卡。

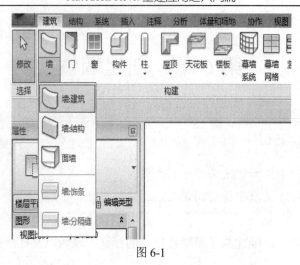

图 6-1

【快捷键】建筑墙工具的默认快捷键为 WA。

2）单击"属性"面板"编辑类型"按钮，打开"类型属性"对话框。如图 6-2 所示，在 "类型属性"对话框中，确认"族"列表中当前族为"系统族：基本墙"；单击"复制"按钮，输入名称"教学楼外墙 200mm"作为新墙体类型名称，完成后单击"确定"按钮返回类型属性对话框。

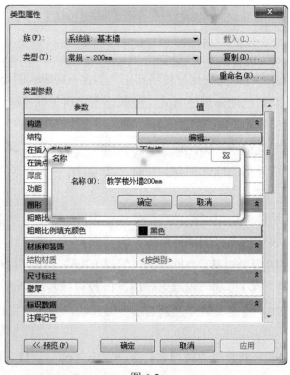

图 6-2

3）如图 6-3 所示，单击类型参数列表框中"结构"参数后的"编辑"按钮，弹出"编辑部件"对话框。该对话框中，用于定义墙体的构造。

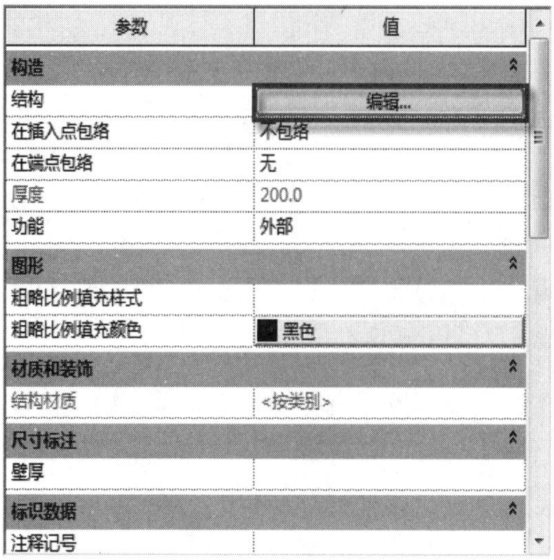

图 6-3

【提示】"编辑部件"对话框中默认的墙体构造，取决于第 2 步操作中所选择的默认墙类型。

在定义墙体构造时，可以为墙体的每一个构造层定义不同的材质。接下来，将为核心层定义墙体材质。

4）如图 6-4 所示，点击层 2 行"材质"单元格中🔲按钮，弹出"材质浏览器"对话框。

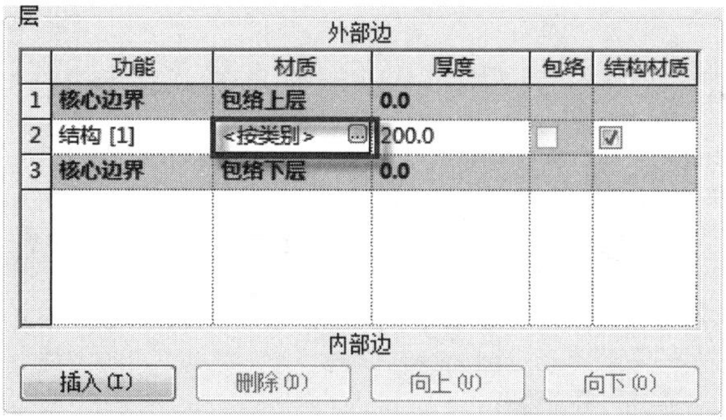

图 6-4

5）如图 6-5 所示，在"材质浏览器"对话框底部展开"AEC 材质"列表，该列表中列举了 Revit 系统中所有可以使用的预定义材质类别。在材质类别列表中选择"砖石"材质，将在右侧显示所有属于"砖石"类别的材质名称。在材质名称列表中双击系统自带的"混凝土砌块"，该材质将添加到顶部"在文档材质中"列表。在"文档材质中"材质列表中选择上一步中添加的"混凝土砌块"材质，单击"确定"按钮，返回到"编辑部件"对话框。

【提示】Revit 材质浏览器对话框划分为上下两部分材质：上部"在文档材质中"列举了当前项目中已经使用的材质名称；底部材质库中列举了系统提供的默认可用材质列表。必须将材质添加至当前文档中才可在项目中使用。

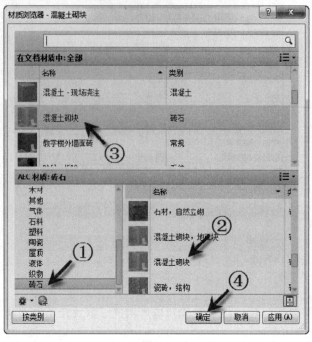

图 6-5

6）如图 6-6 所示，单击"编辑部件"对话框中"插入"按钮，在结构定义中为墙体创建新构造层。修改该构造层"厚度"值为 10，并将该层更改为"面层 2[5]"。单击层编号 2，此行将高亮显示，单击"向上"按钮，向上移动该层直到该层编号为 1。

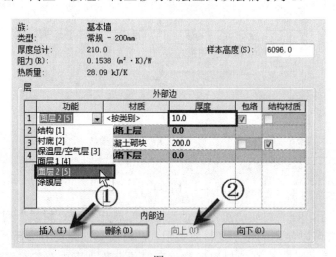

图 6-6

7）单击该行的"材质"单元格中的⊡按钮，如图 6-7 所示，在弹出"材质浏览器"对话框在"文档材质中"选择"砌体-普通砖"。右键单击该材质，在弹出右键菜单中选择"复制"选项，复制当前材质。复制后材质默认命名为"砌体 - 普通砖(1)"。再次右键单击"砌体 - 普通砖(1)"材质名称，在弹出右键菜单中选择"重命名"选项，修改材质名称为"教学楼外墙面"的新材质。完成后单击"确定"按钮，返回到"编辑部件"对话框。

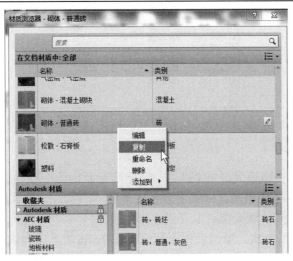

图 6-7

8）采用与第 6 步操作相似的步骤再次单击"插入"按钮，为墙创建新构造层，修改该构造层"厚度"值为 10，并将该层功能修改为"面层 2[5]"。单击选择该层，此行将高亮显示，单击"向下"按钮，向下移动该层直到该层编号为 5，结果如图 6-8。

层	功能	材质	厚度	包络	结构材质
		外部边			
1	面层 2 [5]	教学楼外墙面	10.0	☑	☐
2	核心边界	包络上层	0.0		
3	结构 [1]	混凝土砌块	200.0	☐	☑
4	核心边界	包络下层	0.0		
5	面层 2 [5]	<按类别>	10.0	☑	☐
		内部边			

插入 (I)	删除 (D)	向上 (U)	向下 (O)

图 6-8

9）单击该行的"材质"单元格中的 按钮，弹出"材质浏览器"对话框，在 AEC 材质列表中选择"其他"材质类别，双击"粉刷，米色，平滑"材质名称，将其添加至"在文档材质中"列表。选择"在文档材质中"列表中"粉刷，米色，平滑"材质名称，单击鼠标右键，在弹出快捷菜单中选择"重命名"，将材质重命名为"教学楼内墙面"，完成后单击"确定"按钮返回"编辑部件"对话框。

10）继续单击"确定"按钮返回"类型属性"对话框，注意此时的墙总厚度为 220。单击"应用"按钮，保存墙类型设置而不退出"类型属性"对话框。

接下来，将采用相同的方式定义教学楼内墙类型，其过程与定义外墙过程相似。

11）在"类型属性"对话框，复制建立墙的新类型并命名为"教学楼内墙 200"，单击"结构"参数后的"编辑"按钮，进入"编辑部件"对话框。如图 6-9 所示，保持墙体构造、功能和厚度不变，修改第 1 构造层材质为第 9）步操作中创建"教学楼内墙面"，单击"确定"按钮直到退出墙"类型属性"对话框，返回墙绘制状态。

12）到此完成了教学楼内墙和外墙墙体的构造定义。保存该项目，或打开光盘"练习文件\第 6 章\6.1.1.rvt"项目文件查看最终操作结果。

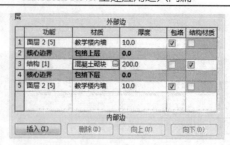

图 6-9

在 Revit 中，通过不同墙类型用于区别不同的墙功能构造。Revit 允许用户在创建完成墙图元后再次修改墙类型属性定义，以便于重新定义墙体的构造。建议用户在创建墙体前，根据墙图元的特性创建不同的墙类型，以方便墙体的创建。

墙在 Revit 中属于系统族。所谓系统族是指通过 Revit 的系统提供的参数来定义生成不同的墙体类型和构造。在 Revit 中，共提供了基本墙、叠层墙和幕墙共三种系统族，用于创建不同形式的墙。在教学楼项目中，还将使用幕墙创建室外幕墙模型。

6.1.2　关于材质

在上一节进行墙体构造定义时，分别为墙的每一层构造定义了材质。在 Revit 中，材质起到如下五个方面的作用：定义各构造的立面及被剖切时显示样式、定义对象在着色模式时的显示样式、定义对象在真实及渲染时显示样式、定义对象的结构计算参数信息以及定义对象的热工物理特性。

材质浏览器对话框由三部分构成，从上至下分别为：当前项目中可用材质列表、系统默认材质库列表、材质库管理及为文档创建新的空白材质按钮区域，如图 6-10 所示。

在上一节定义墙体构造材质操作中，要选择系统默认材质库列表中的材质，必须先双击要使用的材质名称将其添加至当前项目中可用材质列表中后，再对其进行选择、重命名或编辑。

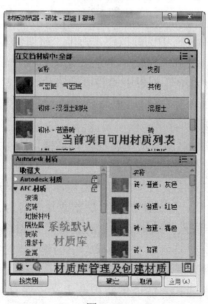

图 6-10

　　双击"在文档材质中"列表中任意材质名称，将弹出"材质编辑器"对话框，如图 6-11 所示。在"材质编辑器"对话框中，可以对所选择的材质进行更进一步的定义。材质编辑器对话框由材质外观预览框、材质名称部分及资源部分三部分组成。除按上一节练习中第 9）步操作使用鼠标右键对材质进行重新命名外，还可通过修改"材质名称"栏对材质的名称进行修改。

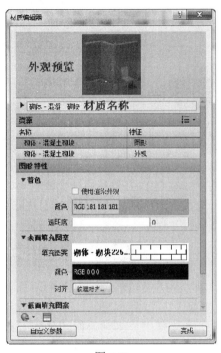

图 6-11

　　在 Revit 中，材质由不同的资源构成。默认情况下材质将具备"图形"和"外观"两种资源。其中"图形"资源为所有材质必须具备的资源定义，用于控制采用该材质的图元的颜色显示时的颜色、透明度、立面视图中该图元的表面填充图案样式、被剖切时的截面填充图案样式等。如图 6-12 所示，为采用图中所示的材质定义创建的墙图元构造在着色模式下的表现。

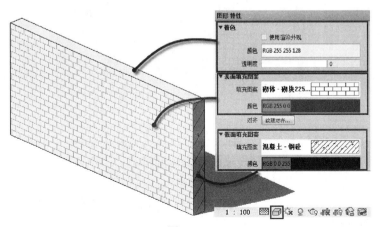

图 6-12

外观资源用于定义材质在真实视觉样式及渲染时采用该材质图元的显示方式。主要用于生成真实的材质的外观。如图 6-13 所示，为该材质的外观定义在真实视觉样式下墙的显示方式。在该视觉样式下，"图形"特征中设置的颜色、表面填充图案、截面填充图案等均不再起作用。

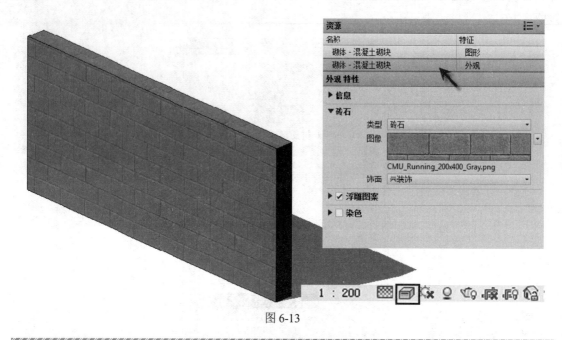

图 6-13

【提示】在"图形特性"资源栏中，选择不同的资源特征，将在下方显示该特征的详细定义参数。

如图 6-14 所示，单击"资源"名称栏右侧添加资源按钮，可弹出材质资源列表，将列出 Revit 中所有可用的材质资源特性。例如物理特性、热量特性。其中，物理特性用于记录材质的弹性模量、密度、膨胀系数等物理属性的定义；热量用于记录材质的热传导率等内容。

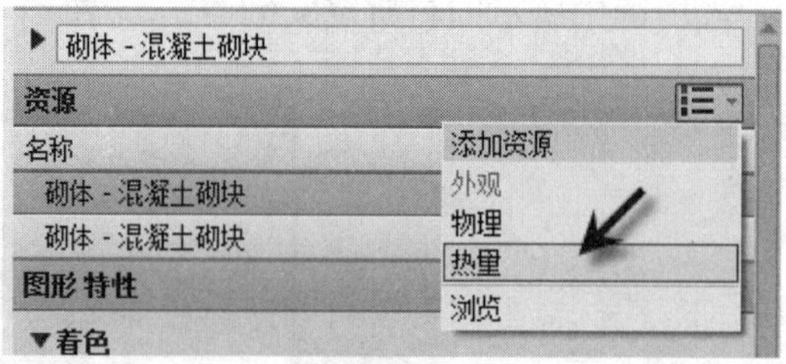

图 6-14

在为材质添加新的资源特征时，Revit 还将打开"资源浏览器"。如图 6-15 所示，在资源浏览器中，列举了 Revit 提供的已预定义的各类资源特征，用户可以根据材质的类别或类型选择相应的特征定义，并进一步对各参数进行调整。在本书第 14 章中，还将使用材质功能进行渲染材质的具体定义。限于篇幅，本书将不对材质各特征的定义做具体介绍，读者可自行对不同类型的资源进行修改和定义。

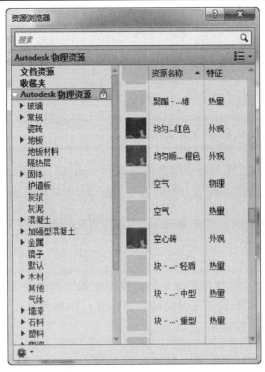

图 6-15

6.1.3　创建一层墙体

完成了外墙和内墙的类型定义设置工作以后，接下来就可以进行一层墙体的绘制。由于在墙体绘制时，墙体交点并未与所有的轴网交点相交，因此为方便墙体定位，可以先在楼层平面视图中绘制参照平面，以确定墙体的定位位置。

1）接上节练习。切换至 1F 楼层平面图。单击"建筑"选项卡"工作平面"面板中"参照平面"工具，进入参照平面绘制模式，自动切换至"修改|放置参照平面"上下文选项卡。如图 6-16 所示，配合使用临时尺寸标注功能，在 G 轴线下方 2100 位置沿水平方向绘制参照平面，分别与 4~1/5 轴线相交。完成后按 Esc 键两次退出参照平面绘制模式。

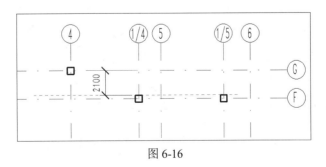

图 6-16

2）使用"建筑"选项卡"构建"面板中"墙→墙：建筑"工具，进行建筑墙绘制状态。在"属性"面板类型选择器中选择"基本墙：教学楼外墙 200mm"墙类型；如图 6-17 所示，确认"修改|放置墙"上下文选项卡"绘制"面板中墙的绘制方式为"直线"。

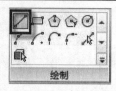

图 6-17

【提示】不能在立面视图中绘制墙体。

3）如图 6-18 所示，设置选项栏中墙生成方式为"高度"，确定高度的标高为"2F"；设置墙的绘制定位线为"核心层中心线"，确认勾选"链"选项，设置偏移量为"200"。

图 6-18

【提示】Revit 提供了两种指定墙体的高度的方式：高度和深度。高度方式是以当前楼层平面视图所在标高为墙底到达指定的标高位置；深度方式是以指定标高位置为墙底到达当前视图所在标高位置。

4）如图 6-19 所示，移动光标至 2 轴线和 G 轴线交点处，当捕捉到轴线交点时单击作为墙绘制起点；沿水平方向向右沿顺时针方向移动光标沿 G 轴线分别捕捉至 4 轴线与 G 轴线交点、4 轴线与本操作第 1 步中创建的参照平面的交点单击，绘制第一段墙体。完成后按 ESC 键完成绘制。由于设置偏移量为 200，因此绘制墙体时，墙体"定位线"位置将与拾取的位置沿绘制方向向左偏移 200 的位置生成墙图元。

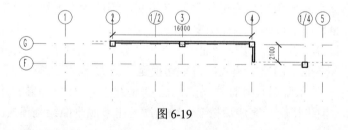

图 6-19

【提示】在本操作第 3）步中勾选了选项栏中的"链"选项，在绘制墙体时将自动将上一段墙体的终点位置作为下一段墙体的起点位置，实现连续绘制。

5）确认仍处于墙绘制状态。使用相同的参数设置，按如图 6-20 所示 1/4 轴线与第 1）步中绘制的参照平面交点位置开始绘制墙体。完成后按 Esc 键退出墙绘制状态。

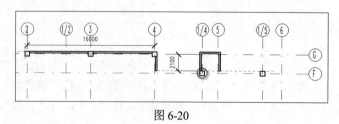

图 6-20

6）如图 6-21 所示，继续使用完全相同的设置绘制其它墙体，确认绘制时所有墙体起点、终点均与各轴线相交。注意所有墙体均应沿顺时针方向绘制。

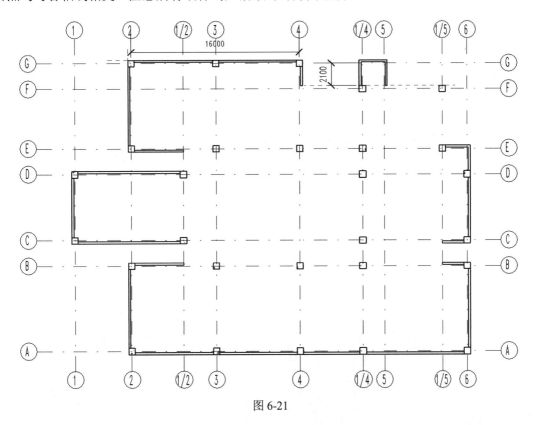

图 6-21

【提示】本操作中设置了选项栏中的"偏移"，即墙实际生成位置与鼠标拾取的位置并不重合。沿顺时针方向绘制可以确保墙的正确偏移方向，并确保墙的正确"内、外"方向。Revit 将沿绘制方向的左侧进行墙体偏移，并将绘制方向左侧定义为墙"外"侧。本例中，采用的"教学楼外墙 200mm"外侧与内侧的材质定义并不相同。

7）确认当前墙类型为"教学楼外墙 200mm"，墙体的绘制方式为"直线"；如图 6-22 所示，修改选项栏中墙生成方式为"高度"，设置高度生成方式为"未连接"，修改墙未连接的高度值为"1100"；确认墙定位线为"核心层中心线"，勾选"链"选项，修改偏移量值为"0"。

图 6-22

8）如图 6-23 所示，分别在按图中所示位置绘制走廊尽端位置三处矮墙，注意墙体的绘制方向沿顺时针方向。完成后按 Esc 键两次退出墙绘制模式。

9）切换至默认三维视图。在三维视图中查看外墙墙身是否有"内、外"反转的现象。如图 6-24 所示，由于外墙的类型属性定义中内外墙面构造层中材质定义不同，如果存在内外墙反转的情况，可以选中该墙图元，墙体旁边将会出现"反转"符号 ⇆，点击该符号或者敲击键盘上的空格键，便可反转该墙体。

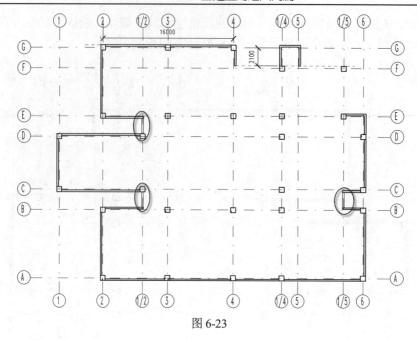

图 6-23

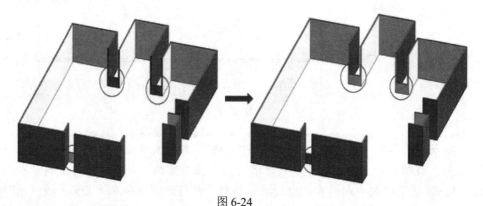

图 6-24

【提示】在楼层平面视图中，反转符号 ⇆ 所在的一侧代表墙外侧。在三维视图中不会出现反转符号，可以选择墙体后单击键盘空格键实现墙体内外反转。Revit 将沿绘制墙图元时所定义的"定位线"对墙体进行反转。

完成了外墙绘制后，采用类似的方式可以创建 1F 内墙。接下来进行内墙的绘制，在绘制时注意内墙的墙体类型与外墙不同。

10）使用墙工具。在"属性"面板类型选择器中当前墙类型为"教学楼内墙 200mm"；确认墙绘制方式为直线。确认选项栏墙的生成方式为"高度"，到达标高为"2F"；确认墙定位线为"核心层中心线"，勾选"链"选项；设置偏移量为"200"。

11）如图 6-25 所示，拾取 B 轴线与 1/2 轴线交点作为起点，直到 B 轴线与 1/5 轴线交点作为终点，沿 B 轴线绘制内墙图元。其它内墙位置参考图中所示。注意墙的绘制方向，确保所有生成的内墙核心层"外侧"均与结构柱边缘对齐。

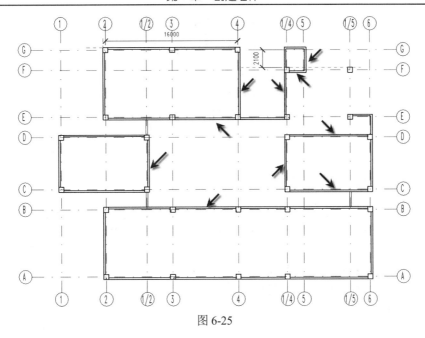

图 6-25

12）继续使用墙工具。在"属性"面板类型选择器中当前墙类型为"教学楼内墙 200mm"；确认墙绘制方式为直线。确认选项栏墙的生成方式为"高度"，到达标高为"2F"；确认墙定位线为"核心层中心线"，勾选"链"选项；设置偏移量为"0"。按图 6-26 所示位置，分别沿 3、4、5 轴线，在 A、B 轴线及 E、F 轴线间绘制内墙。

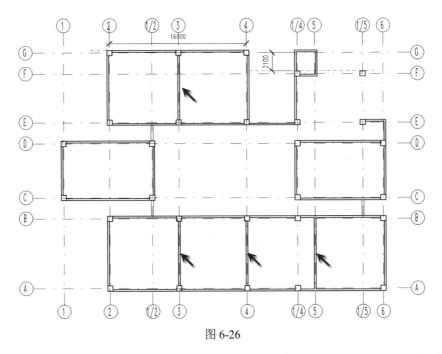

图 6-26

13）如图 6-27 所示，使用参照平面工具，在 5 轴线右侧 3680 位置沿垂直方向绘制参照平面。再次使用墙工具，使用与第 12 步完全相同的参数在 A、B 轴线间沿该参照平面绘制墙体。

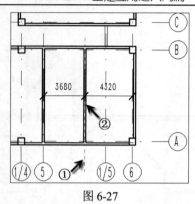

图 6-27

【提示】也可"复制"的方式复制 5 轴线 A、B 轴线间内墙，生成本操作中墙体。

14）至此创建完成教学楼项目 1F 标高全部的墙体。保存该项目，或打开光盘"练习文件\第 6 章\6.1.3.rvt"项目文件查看最终操作结果。

在绘制墙体时，Revit 提供了 5 种不同的定位方式，分别为：墙中心线、墙核心层中心线、面层面；外部、面层面；内部、核心面；外部和核心面；内部。墙中心线将根据墙类型属性定义中墙总厚度的中心作为定位线，核心层中心则以墙编辑部件对话框中"核心层边界"定义的厚度中心作为定位线。在教学楼项目中，无论教学楼外墙 200mm 还是教学楼内墙 200mm，由于两侧抹灰厚度均为 10mm，因此墙中心线与墙核心层中心线的位置相同。在不同的墙构造中，读者应特别留意墙的定位方式，以满足设计的要求。

6.2　创建其它标高墙体

教学楼项目中，可以采用与 1F 标高墙体相似的方式创建 2F、3F 标高墙体及女儿墙体。在本项目中，2F、3F 标高的墙体与 1F 标高布置非常相似，除在 2F 楼层平面视图中进行绘制外，还可以采用将 1F 标高墙体复制到粘贴板并对齐粘贴至 2F 标高的方式，提高相同墙体的创建效率。

1）接上节练习。切换至 1F 楼层平面视图。使用框选的方式，配合使用选择过滤器选择 1F 标高中所有墙体，自动进入"修改|墙"上下文选项卡。

【提示】可以采用从右下角至左上角的方式，使用虚线框选模式。虚线框选模式除选择所有被虚线框完全包围的图元外，还将选择所有与虚线框包围的图元。配合使用选择过滤器保留对墙体的选择。

2）单击"剪贴板"面板中"复制到剪贴板"工具，将所选择图元复制到 Windows 剪贴板。单击"剪贴板"面板中"粘贴"工具下拉列表，在列表中选择"与选定的标高对齐"选项，弹出"选择标高对齐"对话框。在标高列表中选择"2F"，单击"确定"按钮，将所选择墙体对齐粘贴至 2F 标高。

3）切换至 2F 楼层平面视图。Revit 已在 2F 标高中生成完全相同的墙体。选择除图 6-28 所示的高度为 1100 墙体之外的全部墙体图元，进入"修改|墙"状态。

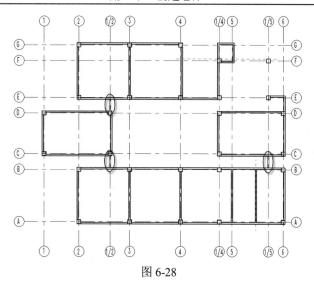

图 6-28

4）此时"属性"面板中显示所选择墙图元的实例属性。注意 Revit 已修改墙"底部限制条件"为当前标高"2F"；"顶部约束"为"直到标高：F3"。由于 1F 标高的墙体高度大于 2F 至 3F 标高间的距离，因此 Revit 修改"顶部偏移"值为 600。如图 6-29 所示，修改"顶部偏移"值为 0，单击"应用"按钮，Revit 将修改墙体的高度为 2F 标高至 3F 标高。

5）如图 6-30 所示，配合使用 Ctrl 键选择复制后箭头所指位置墙体，按键盘 Delete 键，将所选择墙图元删除。

图 6-29

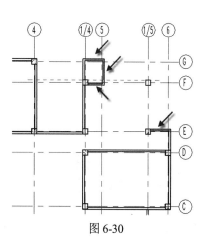

图 6-30

6）如图 6-31 所示，单击"修改"选项卡"修改"面板中的"修剪/延伸为角"工具，进入图元修剪状态，光标指针变为 。

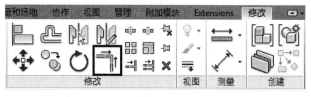

图 6-31

【快捷键】修剪/延伸为角的默认快捷键为 TR。

7）如图 6-32 所示，分别单击 E 轴线内墙及 6 轴线外墙，Revit 将自动修改所选择墙体首尾相连。

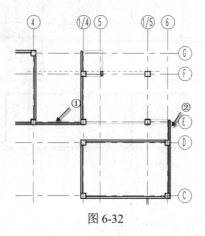

图 6-32

8）使用墙工具。确认当前墙类型为"教学楼外墙 200mm"，墙体的绘制方式为"直线"；修改选项栏中墙生成方式为"高度"，设置高度生成方式为"未连接"，修改墙未连接的高度值为"1500"；确认墙定位线为"核心层中心线"，勾选"链"选项，修改偏移量值为"200"。分别拾取 1/4 轴线与 G 轴线交点、6 轴线与 G 轴线交点及 6 轴线与 E 轴线交点位置，绘制高度为 1500 的外墙墙体。其它墙体保持不变，完成二楼墙体绘制。结果如图 6-33 所示。

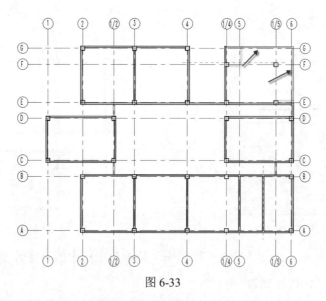

图 6-33

9）选择 2F 楼层平面视图中全部墙体。配合使用"复制至剪贴板"和"与选定的标高对齐"工具，将 2F 标高所有墙体对齐粘贴至 3F 标高。

10）切换至 3F 楼层平面图，选择外墙图元，如图 6-34 所示。修改"属性"面板"顶部约束"为"直到标高：屋顶标高"，将外墙修改至屋顶标高处，以此来生成教学楼女儿墙。其它墙体保持不变。

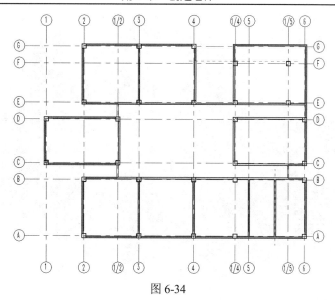

图 6-34

11）切换至屋面标高楼层平面视图。如图 6-35 所示，该视图已生成上一步中修改的墙体。使用墙工具，设置墙的类型为"教学楼内墙 200mm"，修改选项栏中墙生成方式为"高度"，设置高度到达"屋顶标高"；确认墙定位线为"核心层中心线"，勾选"链"选项。按图中箭头所示位置和尺寸补充绘制其余女儿墙。

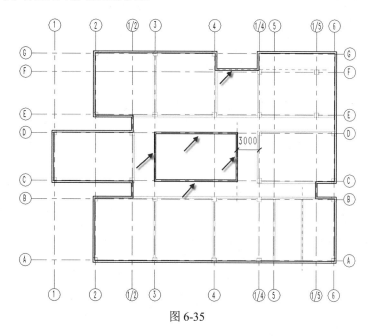

图 6-35

12）切换至 1F 楼层平面视图。选择 1F 视图中所有外墙。修改"属性"面板中"底部限制条件"为"地面标高"，将所有外墙底放置于地面标高上。切换至三维视图，完成后墙体如图 6-36 所示。

13）到此完成了教学楼项目所有主要内、外墙体创建。保存该文件，或打开光盘"练习文件\第 6 章\6.2.rvt"项目文件查看最终结果。

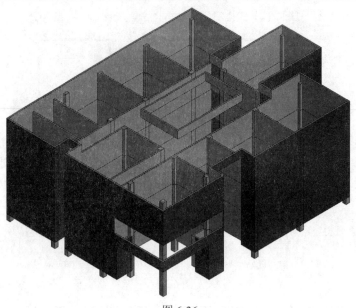

图 6-36

在 Revit 中，对于上下标高位置相同的墙体及其它图元，可以采用复制到粘贴板，并配合使用与选定的标高对齐的方式，将所选择图元粘贴至其它标高。还可以根据通过修改墙体属性面板中底部限制条件、顶部约束、底部偏移和顶部偏移的方式，通过修改墙体的高度在其它标高视图中创建墙体。

6.3 本章小结

本章主要讲解了教学楼主体墙体的绘制过程。在绘制墙前，必须先对进行墙体类型的定义，设置基本墙的构造。通过完成教学楼项目外墙、内墙的绘制，掌握 Revit 中各类墙体的绘制、编辑、修改等方法。本章主要介绍了基本墙的使用和创建方式，在一下章中将介绍其它墙体的绘制方式。

第7章 幕墙与墙细节编辑

本章提要：

➤ 掌握幕墙的创建方式
➤ 掌握装饰墙体的编辑工作

在上一章中，创建了教学楼的主墙体，本章将学习幕墙创建和装饰墙体的编辑。

幕墙作为墙的一种类型，在当今的建筑中使用非常广泛，在本章中，将为读者介绍教学楼幕墙的创建过程。此外，在本章中还为读者介绍一些常见的墙体细节装饰的创建和编辑方法。

7.1 创建幕墙

7.1.1 幕墙简介

在 Revit 中，幕墙是由"幕墙嵌板"、"幕墙网格"和"幕墙竖梃"三部分组成，如图7-1所示。幕墙嵌板是构成幕墙的基本单元，幕墙由一块或者多块幕墙嵌板组成。幕墙网格决定了幕墙嵌板的大小、数量。幕墙竖梃为幕墙龙骨，是沿幕墙网格生成的线性构件。教学楼项目中的幕墙造型相对比较简单，接下来将为大家介绍幕墙的创建和定义过程。

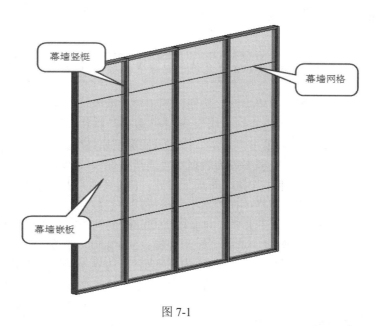

图 7-1

7.1.2　定义幕墙

与上一章中介绍的基本墙一样，在绘制幕墙前，应首先对幕墙进行定义，其定义方法和"基本墙"类似。

1）接 6.2 节练习，或打开光盘"练习文件\第 6 章\6.2.rvt"项目文件。切换至 1F 楼层平面视图。单击"建筑"选项卡"构建"面板中"墙"工具下拉列表，在列表中选择"墙：建筑"工具，进入"修改|放置墙"上下文选项卡。在属性面板类型选择器中选择"幕墙"类型，如图 7-2 所示。

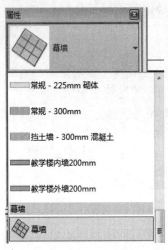

图 7-2

2）设置选项栏中"高度"为"2F"，勾选"链"，偏移量为 0，如图 7-3 所示。

图 7-3

> 【提示】在绘制幕墙时，Revit 不允许用户设置幕墙定位线。

3）单击"属性"面板"编辑类型"按钮，弹出"类型属性"对话框。如图 7-4 所示，确认"族"列表中当前族为"系统族：幕墙"，单击"复制"按钮，输入名称"教学楼幕墙"作为新墙体的类型名称，完成后单击"确定"按钮返回类型属性对话框。

4）如图 7-5 所示，单击类型参数列表框中"连接条件"，选择"边界和水平网格连续"，在"垂直网格样式"参数分组中设置"布局"方式"固定距离"，间距"900"，即幕墙在垂直方向上按 900mm 的间距放置网格；在"水平网格样式"参数分组中设置"布局"方式为"固定距离"，"间距"为 1500，即在水平方向上按 1500mm 的间距放置幕墙网格；单击垂直竖梃"内部类型"参数列表，在列表中选择"矩形竖梃：50×150"族类型，设置"边界 1 类型"和"边界 2 类型"均为无；设置水平竖梃"内部类型"、边界 1 类型、边界 2 类型均为"矩形竖梃：50×150"族类型。完成后单击"确定"按钮退出"类型属性"对话框。

> 【提示】竖梃设置列表中的族类型取决于项目样板中默认可用的竖梃类型。

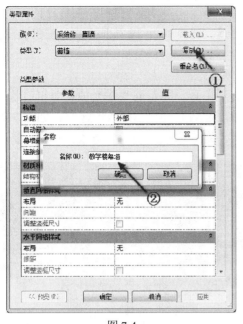

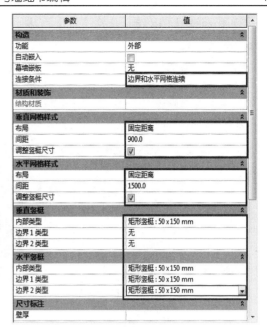

图 7-4　　　　　　　　　　　　　　　　　　　　　图 7-5

5）到此完成了教学楼幕墙的构造定义。保存该项目，或打开光盘"练习文件\第 7 章\7.1.1rvt"项目文件查看最终操作结果。

7.1.3　创建幕墙

完成了幕墙的类型定义设置工作以后，接下来就可以进行教学楼项目幕墙的绘制。

> 【提示】由于在绘制幕墙时，幕墙交点可能并未与所有的轴网交点相交，因此为了方便墙体定位，可以先在楼层平面视图中绘制参照平面，以确定墙体的定位位置。

1）接上节练习。切换至 1F 楼层平面图，在第 6 章中，已将幕墙位置的参照平面绘制出来。现在即可根据图 7-6 所示的位置，进行一楼幕墙的绘制。绘制完成如图 7-7 所示。与上一章中绘制的基本墙体类似，注意幕墙的绘制方向及内外方向。

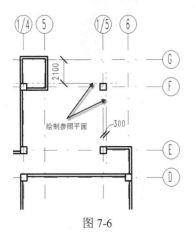

图 7-6

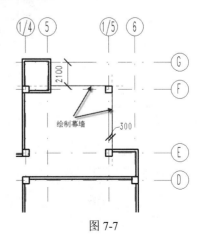

图 7-7

2）配合键盘 Ctrl 键，分别选择上一步中创建的幕墙图元。修改"属性"面板"顶部约束"值为"直到标高：3F"，单击"应用"按钮应用该设置。切换到 2F 楼层平面图，在和 1F 同样的位置上，已生成幕墙图元。

3）切换至默认三维视图，完成后幕墙如图 7-8 所示。

4）单击"建筑"选项卡"构建"面板中"竖梃"工具，进入至"修改|放置竖梃"状态。在"属性"面板类型选择器中，选择当前竖梃类型为"L 形角竖梃：L 形竖梃 1"。如图 7-9 所示，确认"放置"面板竖梃的放置方式为"网格线"。

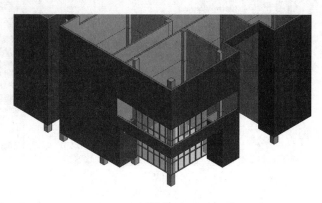

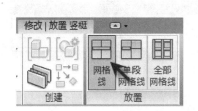

图 7-8　　　　　　　　　　　　　　　　　　　　图 7-9

5）如图 7-10 所示，移动光标至幕墙相交边界位置，Revit 将高亮显示幕墙边界网格。单击鼠标左键，Revit 将沿所选择的垂直幕墙边界网格生成转角竖梃。

图 7-10

【提示】转角竖梃属于特殊系统幕墙竖梃，它将根据相连接的幕墙的角度自动修正竖梃的平面角度。

6）切换到 1F，在 4 轴线和 1/4 轴线之间绘制幕墙，如图 7-11 所示。修改"属性"面板"底部限制条件"值改为"地面标高"，"顶部约束"值为"直到标高：屋面标高"，单击"应用"按钮应用该设置。

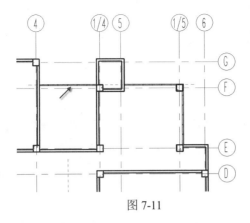

图 7-11

7）到此完成了教学楼幕墙的绘制。保存该项目，或打开光盘"练习文件\第 7 章\7.1.2.rvt"项目文件查看最终操作结果。

Revit 中幕墙属于墙系统族的一种，其用法与基本墙的用法类似。不同的是，幕墙允许用户对其分隔方式进行定义。Revit 使用幕墙网格对幕墙进行划分。在 Revit 中，还提供了幕墙网格工具，允许用户手动对幕墙进行划分。

任何幕墙均有水平和垂直两个方向的网格。且均有两个特殊的边界网格。幕墙竖梃将沿幕墙网格的方向，以指定的轮廓生成放样构件。关于放样构件的详细情况，参见 7.2 节。

7.2 墙饰条

7.2.1 绘制外墙墙饰条

在 Revit 中，提供了墙饰条和墙分隔缝工具，可以生成复杂的墙体细节装饰。墙饰条与墙分隔缝均属于沿墙体方向生成的指定轮廓的放样线性模型，这里将介绍墙饰条，理解 Revit 中主体放样工具的一般使用方式。如图 7-12 所示，墙饰条是依附于墙主体的带状模型，用于沿墙水平方向或垂直方向创建带状墙装饰结构，在 Revit 中，是沿墙体的水平或者垂直方向放样生成的线性放样模型。

图 7-12

主体放样类图元由两部分构成：放样采用的轮廓以及放样的路径。本教材光盘中已为读者创建出了办公楼墙饰条所需要的轮廓，在使用前将其加载进入项目中即可。要使用墙饰条，必须在放置前定义其族类型。

1）如图 7-13 所示，单击"插入"选项卡"从库中载入"中的"载入族"工具，将打开"载入族"对话框。

图 7-13

2）如图 7-14 所示，在"载入族"对话框中，浏览至光盘"练习文件\第 7 章\RFA"目录，配合键盘 Ctrl 键，选择"墙轮廓 1"和"墙轮廓 2"，单击"打开"按钮，将所选择的轮廓族载入至当前项目中。

图 7-14

【提示】轮廓族属于可载入族，将被保存为.rfa 格式的文件。

3）切换到"默认三维视图"。单击"建筑"选项卡"构建"面板中"墙"工具下拉列表，在列表中选择"墙：饰条"工具，进入"修改|放置墙饰条"上下文选项卡。

【提示】在平面视图中无法进行墙饰条的创建，只能在三维视图或立面视图中进行创建。同时，选择需要装饰墙体的时候也应该注意墙饰条所在的位置，在三维视图中可以进行调整。

4）单击"属性"面板"编辑类型"按钮，弹出"类型属性"对话框. 如图 7-15 所示确认"族"列表中当前族为"系统族：装饰条"，单击"复制"按钮。输入名称"装饰墙"作为新墙饰条的类型名称，完成后点击"确定"按钮返回"类型属性"对话框。

5）如图 7-16 所示，单击类型参数列表框中"轮廓"参数，从下拉菜单中选择第 2 步操作中载入的"墙轮廓 1：墙轮廓 1"轮廓族；修改"材质"为"教学楼外墙面砖"。完成后单击"确定"按钮退出"类型属性"对话框。

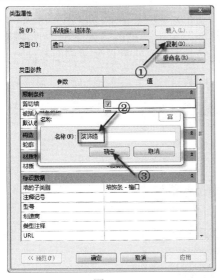

图 7-15

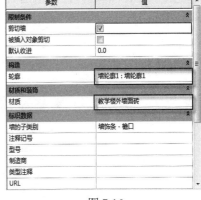

图 7-16

6）在三维视图中，切换至西南轴测图，确认"放置"面板中墙饰条的生成方式为"水平"，即沿平行于标高的方向生成墙饰条模型。如图 7-17 所示，移动光标至 A 轴线女儿墙顶部外侧边缘位置，单击放置墙饰条。完成后按 Esc 键退出墙饰条放置状态。Revit 将沿所选择的墙边缘按墙饰条类型属性中定义的轮廓族样式生成墙饰条。

7）使用 View Cube 工具，切换至西北轴测图。如图 7-18 所示，使用墙饰条工具，确认当前墙饰条类型为"装饰墙"，拾取 G 轴线 2~4 轴线间女儿墙外侧顶部边缘，沿该墙生成墙饰条，完成后按"Esc"键两次退出墙饰条放置状态。

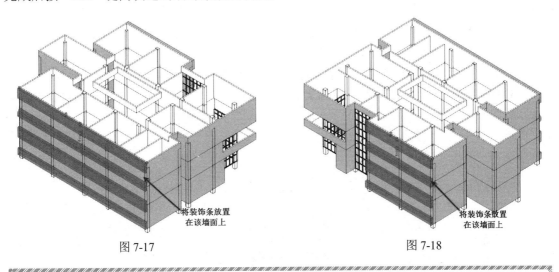

图 7-17　　　　　　　　　　　　　　　　　图 7-18

【提示】在放置墙饰条时，如果连续单击墙体，则所有生成的墙饰条将属于同一的元。可以在放置墙饰条图元时单击顶部"重新放置墙饰条"按钮，生成新的墙饰条图元。

接下来使用类似的方式绘制 G 轴线 1/4 轴~6 轴线间墙体饰条。由于该墙饰条与上一步骤中墙饰条不同，因此必须创建新的墙饰条族类型。

8）使用墙饰条工具，打开墙饰条"类型属性"对话框，确认"族"列表中当前族为"系统族：墙饰条"，复制创建名称为"装饰墙 2"的新类型。单击类型参数列表框中"轮廓"参数，从下拉菜单中选择"墙轮廓 2：墙轮廓 2"，并修改"材质"为"教学楼外墙面砖"。如图 7-19 所示。单击"确定"按钮退出类型属性对话框。

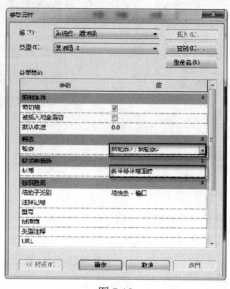

图 7-19

9）在三维视图中，切换至东北轴测图。如图 7-20 所示，单击 G 轴线 1/4 轴至 6 轴线间女儿墙顶部外墙边缘，Revit 将按墙轮廓 2 的定义生成墙饰条。完成后，单击"Esc"键两次退出墙饰条放置模式。

10）至此完成了教学楼项目装饰墙的绘制。保存该项目，或打开光盘"练习文件\第 7 章\7.2.1rvt"项目文件查看最终操作结果。

墙饰条实际为沿所选择的墙轮廓沿所选择的墙体位置生成带状放样模型。如图 7-21 所示，为本操作中所采用的"墙轮廓 1"族中定义的轮廓截面。在生成墙饰条时，将沿墙体以该轮廓生成放样模型。

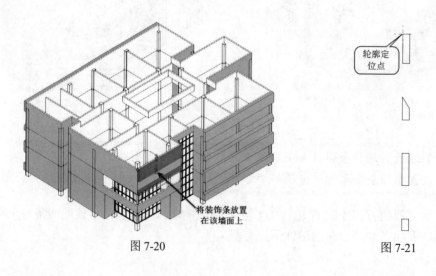

图 7-20   图 7-21

7.2.2　绘制教学楼女儿墙压顶

和绘制外墙装饰条一样，可以利用墙饰条工具创建女儿墙压顶。需要将女儿墙压顶的轮廓族载入至项目中。

1）接上节练习。切换至默认三维视图。单击"插入"选项卡"从库中载入"中的"载入族"，弹出加载族对话框，浏览到光盘"练习文件\第 7 章\04_RFA"目录，选择"女儿墙压顶轮廓"轮廓族文件，单击"打开"按钮将其载入至项目中。

2）使用"墙饰条"工具。打开"类型属性"对话框，复制创建名称为"女儿墙压顶"的新墙饰条类型。

3）如图 7-22 所示，单击类型参数列表框中"轮廓"参数，从下拉菜单中选择"女儿墙压顶轮廓：女儿墙压顶轮廓"，并修改"材质"为"教学楼内墙粉刷"。单击"确定"按钮退出类型属性对话框。

4）如图 7-23 所示，依次拾取女儿墙顶部内侧边缘，生成连续女儿墙压顶墙饰条。完成后，按"Esc"键两次退出墙饰条工具。

图 7-22

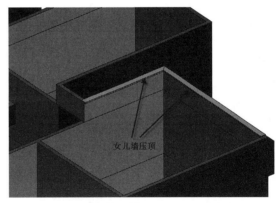

图 7-23

5）到此完成了教学楼项目女儿墙压顶的绘制。保存该项目，或打开光盘"练习文件\第 7 章\7.2.2rvt"项目文件查看最终操作结果。

7.3　本章小结

本章介绍了教学楼幕墙的绘制过程以及墙饰条的使用。在绘制幕墙之前，必须先进行幕墙参数进行定义。墙饰条是由指定的轮廓族沿拾取墙方向生成的带状放样模型。可以利用墙饰条生成墙体常见的装饰，并利用墙饰条命令进行墙面装饰以及女儿墙压顶的绘制。在下一章中将会介绍门窗的绘制。

第 8 章　创建门窗

本章提要:

➤ 掌握门窗的创建方式
➤ 掌握门窗的编辑方式
➤ 熟悉门窗信息修改方式

　　门窗是建筑设计中最常用的构件。Revit 提供了门、窗工具，用于在项目中添加门窗图元。门窗必须放置于墙、屋顶等主体图元中，这种依赖于主体图元而存在的构件称为"基于主体的构件"。本章将使用门窗构件为教学楼项目模型创建门窗，并学习门窗的信息修改方法。

8.1　一层门的创建

　　门属于可载入族，要在项目中创建门，必须先将其载入当前项目中。

　　1）接 7.2.2 节练习，或打开光盘"练习文件\第 7 章\7.2.2.rvt"项目文件。切换至 1F 楼层平面图。单击"插入"选项卡"从库中载入"面板中单击"载入族"命令，浏览至"练习文件\第 8 章\raf\M1.rfa"文件，单击"打开"按钮，载入此族。

　　2）单击"建筑"选项卡"构建"面板中单击"门"命令，Revit 自动切换至"修改|放置门"上下文选项卡。在图元属性对话框"类型选择器"中选择刚刚载入的"M1"族类型。如图 8-1 所示，确认激活"标记"面板中"在放置时进行标记"选项。

图 8-1

　　【快捷键】门工具的默认键盘快捷键为 DR。

　　3）适当放大视图至 E 轴线和 3 轴线交点处，移动光标至 3 轴线左侧的内墙，沿墙方向预览放置门，并在门右侧与 3 轴线间显示临时尺寸标注，指示门右边与轴线的距离。如图 8-2 所示，光标移动至靠墙内侧墙面时，预览显示门开门方向向内侧；左右移动光标，当临时尺寸标注线门右边与门右侧内墙面层的距离为 400 时，单击鼠标放置门。

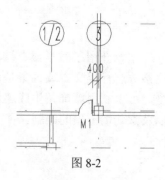

图 8-2

【提示】放置门后可通过单击并修改临时尺寸线上的数值改变门的位置；同时，选择已经放置好的门后可以通过单击空格键或单击 ⬛ 和 ⬛ 来改变门的开启方向。

4）采用步骤2）的相似步骤方法沿 E 轴线和 F 轴线内墙分别在 3、4、5 轴线附近放置"M1"，门的开启方向及与轴线的距离如图 8-3 所示。

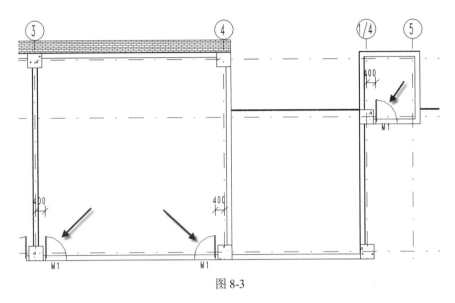

图 8-3

5）继续沿 B 轴线内墙分别在 3、4、5、1/5 轴线附近放置"M1"，门的开启方向及与轴线的距离如图 8-4 所示。

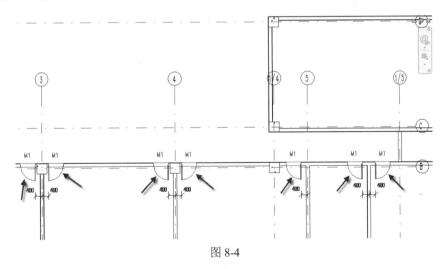

图 8-4

6）使用门工具。单击"模式"面板中的"载入族"工具，打开"载入族"对话框。浏览至光盘"练习文件\第 8 章\raf\M2.rfa"文件，单击"打开"按钮，载入此族。注意激活"标记"面板中"在放置时进行标记"选项。移动鼠标至 4~1/4 轴线间 E 轴线内墙处，如图 8-5 所示位置和开门方向完成"教学楼玻璃门"的放置。

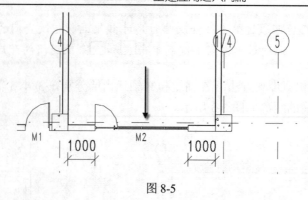

图 8-5

7）载入光盘"练习文件\第 8 章\raf\M3.rfa"族文件。移动光标至 1/2 轴线 C~D 轴线间内墙位置，按如图 8-6 所示位置和距离单击放置教学楼防火门。

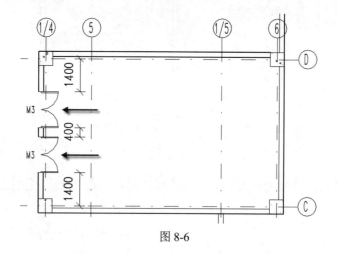

图 8-6

8）如图 8-7 所示，使用相同的方式在 1/2 轴 C~D 轴线内墙位置放置生成 M3 门图元。

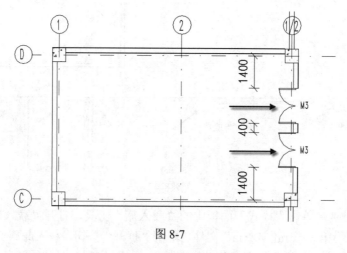

图 8-7

9）使用门工具。载入"练习文件\第 8 章\raf\M4.rfa"族文件。移动光标至 1 轴线 C~D 轴线间外墙处，如图 8-8 所示完成"M4"的放置。至此，完成了教学楼项目的 1F 标高门布置。

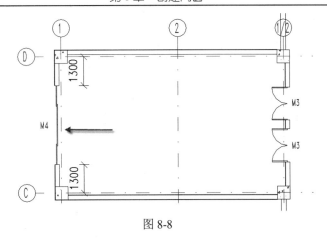

图 8-8

10）保存该项目文件，或打开光盘"练习文件\第 8 章\8.1.rvt"项目文件查看最终操作结果。

在 Revit 中，门的使用方式较为简单。只需要载入指定的族，在适当的位置放置即可。在本练习中，放置的门尺寸均已在族中进行了定义。因此不需要对族类型和参数进行修改。在放置门时，标记面板中"在放置时进行标记"选项用于在放置门图元时同时生成门标记。门标记用于以注释信息的方式提取门图元中的信息，信息的具体内容取决于门标记族的定义。Revit 允许用户随时通过使用"按类别标记"工具提取这些信息。

8.2　一层窗的创建

插入窗的方法与插入门的方法完全相同，与插入门稍有不同的是，在插入窗时需要考虑窗台高度。

1）接上一节练习。切换至 1F 楼层平面视图。载入光盘"第 8 章\raf\C1.rfa"族文件。

2）单击"建筑"选项卡"构建"面板中"窗"工具，Revit 自动切换至"修改|放置窗"上下文选项卡，注意激活"标记"面板中"在放置时进行标记"选项。确认当前的族类型为"C1"，注意"属性"面板"底高度"默认为"800"。如图 8-9 所示，移动光标至 G 轴线 2~3 轴线间外墙处，单击放置窗图元。

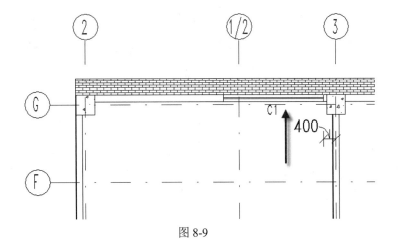

图 8-9

【快捷键】窗的默认快捷键为 WN。

【提示】放置窗后同样通过单击并修改临时尺寸线上的数值改变窗的位置；同时，选择已经放置好的窗后可以通过单击空格键或点击 来改变窗的安装方向。

3）重复第 2）的操作，如图 8-10 所示，沿 G 轴线 2~4 轴线间外墙剩余位置放置"C1"窗图元，窗洞口边缘与轴线的距离参照图中所示。

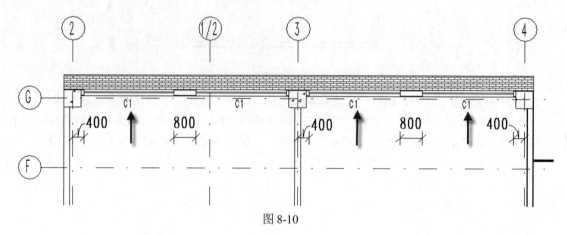

图 8-10

4）继续重复步骤 2）操作。沿 A 轴线 2~6 轴线间外墙放置"C1"图元。窗洞口边缘与轴线的距离参照图 8-11 所示。

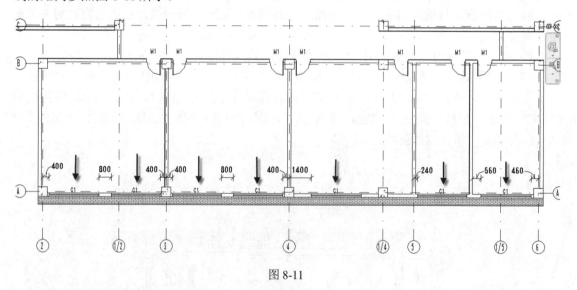

图 8-11

5）使用"窗"工具。单击"模式"面板中"载入族"工具，载入光盘"第 8 章\raf\C2"族文件。确认激活"在放置时进行标记"选项。修改图元"属性"面板中"底高度"参数值为 2100；如图 8-12 所示，分别沿 B、E 轴线水平方向内墙 3~5 轴线间放置"C2"窗图元。

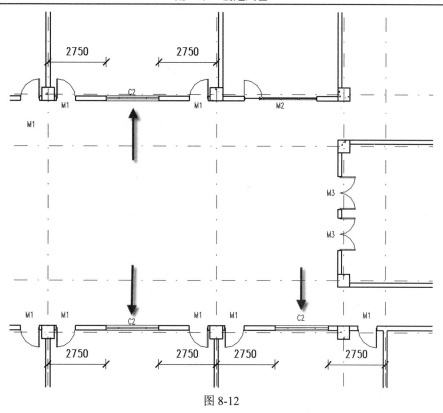

图 8-12

6）继续使用窗工具，载入光盘"第 8 章\raf\C3"族文件。修改"属性"面板中的底高度参数设为 800；如图 8-13 所示，在 G 轴线外墙 1/4~5 轴线放置"C3"窗图元。

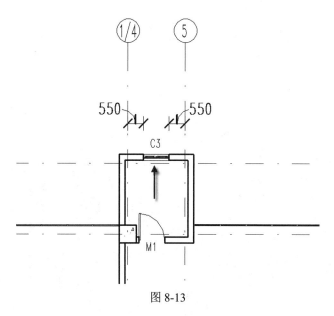

图 8-13

7）继续载入光盘"第 8 章\raf\C4"族文件。修改"属性"面板"底高度"参数设为 400；如图 8-14 所示，沿 D 轴线 C~D 轴线间外墙位置居中放置"C4"窗图元。

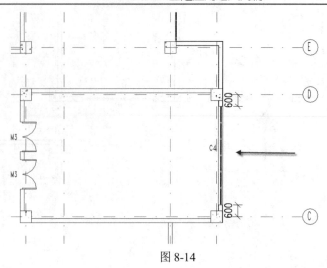

图 8-14

8）至此，完成教学楼项目 1F 标高窗。切换至默认三维视图，完成后教学楼模型如图 8-15 和图 8-16 所示。保存该项目，或打开光盘"练习文件\第 8 章\8.2.rvt"项目文件查看最终操作结果。

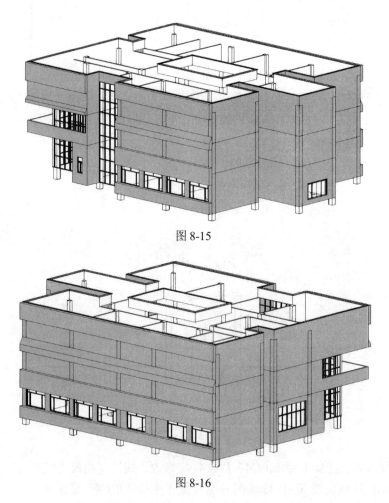

图 8-15

图 8-16

在放置门窗时，除可以在放置前指定"底高度"外，还可以在放置门窗图元后，选择门窗图元，再通过"属性"面板修改"底高度"参数值的方式，对图元进行修改。

8.3　其他层门窗的创建

布置完 1F 标高门窗后，可以按类似的方法布置其他楼层的门窗。对于与 1F 位置完全相同的门窗，可以通过选择 1F 的门窗后复制到剪贴板并配合使用"与选定的标高对齐"的方式对齐粘贴至其他标高的相同位置。

1）接上一节练习，确认当前视图仍为 1F 楼层平面视图。缩放视图至任意 C1 位置，单击选中 C1 图元（注意不要选择窗标记）；单击鼠标右键，在弹出如图 8-17 所示的快捷菜单中选择"选择全部实例→在整个项目中"选项。

图 8-17

2）Revit 将自动切换到"修改|窗"上下文选项卡。单击"剪贴板"面板中的"复制"按钮，将所选窗图元复制到 Windows 剪贴板。然后单击"粘贴"下拉菜单中的"与选定标高对齐"，如图 8-18 所示。将弹出"选择标高"对话框。

3）如图 8-19 所示，在"选择标高"对话框中，按住 Ctrl 键在列表中分别选择 2F、3F 标高，单击"确定"按钮，将 1F 标高所有类型为"C1"粘贴至 2F、3F 标高对应位置。

4）采用同样的方式，分别将 1F 标高中的"C2"、"C4"，"M1"、"M2"、"M3"图元复制粘贴至 2F、3F 标高。

5）切换至 2F 楼层平面视图，使用"门"工具，设置当前门类型为"M1：900×2100"，如图 8-20 所示，在 E 轴线 4～6 轴线间内墙位置放置"M1"门图元，共 2 个，门洞口边缘与轴线的距离参照图中所示。

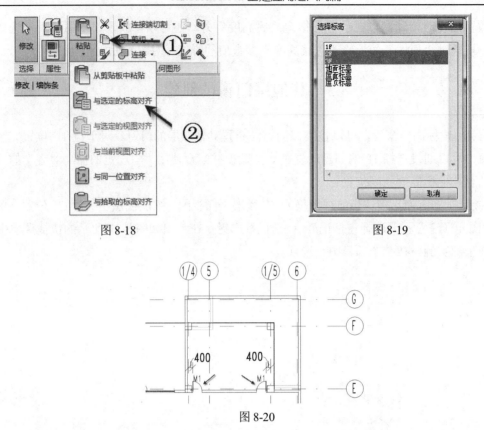

图 8-18   图 8-19

图 8-20

【提示】在 2F 楼层平面视图中，将不会出现门窗的标记。如要在该视图中出现标记，可以使用 "注释" 选项卡 "标记" 面板中 "按类别标记" 工具进行标记。

6）使用 "窗" 工具，设置窗的当前类型为 "C4"；修改 "属性" 面板中窗的 "底高度" 值为 400。如图 8-21 所示，沿 1 轴线 D~C 轴线间外墙位置放置 "C4" 窗图元。采用 "与选定标高对齐" 的方式将本步骤创建的窗图元对齐粘贴至 3F 标高。

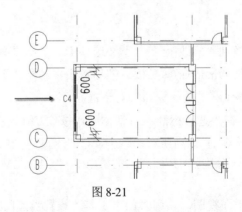

图 8-21

7）切换至 3F 楼层平面图。使用 "窗" 工具，设置当前窗类型为 "C3"，修改 "属性" 面板窗 "底高度" 参数设为 800；如图 8-22 所示，沿 G 轴线 1/4~6 轴线间放置 "C3" 窗图元共 5 个，具体尺寸参见图中所示。

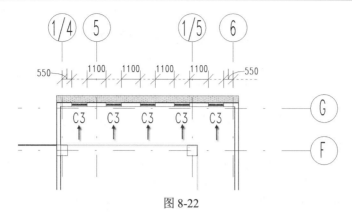

图 8-22

8）使用"门"工具，设置门的当前类型为"M1：900×2100"；如图 8-23 所示，E 轴线 1/4~6 轴线间内墙处，分别放置"M1"门图元，具体尺寸参见图中所示。至此，完成了教学楼项目所有门窗的布置。

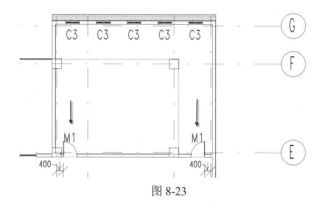

图 8-23

9）切换至默认三维视图，完成后项目如图 8-24 所示。保存该项目文件，或打开光盘"练习文件\第 8 章\8.3.rvt"项目文件查看最终操作结果。

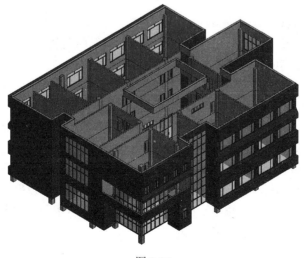

图 8-24

8.4　门窗参数的修改

与其它 Revit 构件类似，门、窗参数同样由实例属性和类型属性两种参数构成。

如图 8-25 所示，选择项目放置完成的门窗后，"属性"面板中将会显示所选择的门窗的实例属性。在"属性"对话中可以修改所选门或窗所在的标高、底标高（洞口底部距离所在标高的位置）等实例参数。

如图 8-26 所示，选择项目放置完成的门窗后，单击"属性"面板中的"类型属性"按钮，Revit 则会弹出"类型属性"对话框。在类型属性对话框中可以修改所选门或窗的构造、材质与装饰、尺寸标注、标示数据等参数。如果要为门窗族创建新的尺寸类型，可以在类型属性对话框中，通过复制新建新族类型的方式，为门或窗族创建新类型。

图 8-25

图 8-26

由于门窗族属于可载入族，允许用户自定义门窗的族，因此不同的族中包含的实例或类型参数会有所区别。一般来说，门窗的类型属性中记录了门窗的宽度、高度等洞口尺寸信息，而在实例属性中记录了门的所在标高、底部高度等参数。

8.5　本章小结

本章结合教学楼项目主要介绍了门和窗的布置过程，以及如何进行门窗的参数修改。门和窗均属于可载入族。通过载入指定的门窗族，在项目中指定位置放置即可。在放置时，可以通过修改门窗的实例或类型属性以及临时尺寸标注，修改门或窗的具体位置。在下一章中，将按照教学楼项目的创建流程介绍 Revit 中关于楼板和屋顶的布置方法。

第9章　楼板、屋顶

本章提要

➢ 定义楼板结构
➢ 创建室内楼板
➢ 创建室外楼板
➢ 创建平屋顶

　　楼板是建筑物中重要的水平构件，起到划分楼层空间作用，Revit 中提供了四个楼板相关的命令：建筑楼板、结构楼板、面楼板和楼板边缘。楼板和结构楼板的使用方式相同，可以在草图模式下通过拾取墙或使用"线"工具绘制封闭轮廓线来创建。"楼板边缘"属于 Revit 中的主体放样构件，通过使用类型属性中指定的轮廓沿所选择的楼板边缘放样生成的带状图元。在 Revit 中屋顶的使用方式与楼板类似。

　　本章将继续通过教学楼项目来学习楼板和屋顶的创建方法。

9.1　创建室内楼板

9.1.1　定义楼板结构

　　与墙类似，楼板属于系统族。要为项目创建楼板，需要通过楼板的类型属性定义项目中楼板的构造。在 Revit 中，楼板与墙的类型定义过程非常类似。

　　1）接 8.3 节练习，或打开光盘"练习文件\第 8 章\8.3.rvt"项目文件。切换至 1F 楼层平面视图。单击"建筑"选项卡"构建"面板中"楼板"工具下方的下拉三角箭头，从下拉菜单中选择"楼板：建筑"命令。自动切换至"修改|创建楼层边界"上下文选项卡。如图 9-1 所示，在该模式中，要求用户通过使用边界线的方式在楼层平面视图中绘制楼板范围的边界线。

图 9-1

　　2）单击"属性"面板"编辑类型"按钮打开"类型属性"对话框。在"类型属性"对话框中，以"常规 - 150mm"为基础复制建立名称为 "室内地坪-120mm"的新楼板类型。单击"类型参数"列表中"结构"参数的"编辑"按钮，弹出"编辑部件"对话框。如图 9-2 所示，单击"插入"按钮，配合使用"向上"或"向下"按钮在核心边界上方插入两层新构造层。修改第 1 层功能为"面层 2[5]"，厚度为 40；修改第 2 层功能为"衬底[2]"，厚度 20；设置"核心结构[1]"厚度为 120。分别修改各层材质为"混凝土—现场浇筑混凝土"、水泥砂浆以及混凝土—现场浇筑混凝土。完成后单击"确定"按钮返回"类型属性"对话框。

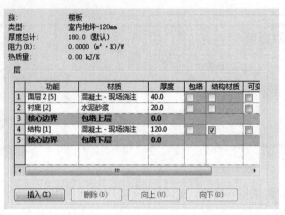

图 9-2

【提示】注意此楼板的总厚度为 180。在本书中，均以核心层厚度作为类型的名称。

3）以"室内地坪-120mm"楼板类型为基础复制建立名称为"室内楼板-100mm"的新楼板类型。打开"编辑部件"对话框，如图 9-3 所示，选择"面层 2[5]"功能层，单击"删除"按钮删除该层；修改"衬底[2]"的功能为"面层 2[5]"，设置材质为"水泥砂浆"，厚度值为 20；修改"核心结构[1]"厚度为 100，材质为混凝土-现场浇筑混凝土不变。完成后单击"确定"按钮返回"类型属性"对话框。

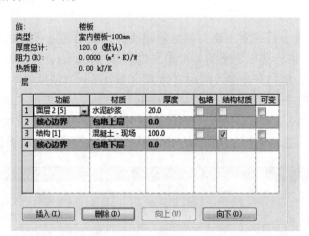

图 9-3

4）使用类似的方式复制新建名称为"室外地坪-120mm"的新楼板类型。打开"编辑部件"对话框，其功能构造如图 9-4 所示：修改第 1 层"面层 2[5]"其材质为"面砖"，厚度为 10；第 2 层"衬底[2]"材质为"水泥砂浆"，厚度为 20；"核心结构[1]"其材质选为"砌体-普通砖"，厚度为 120。

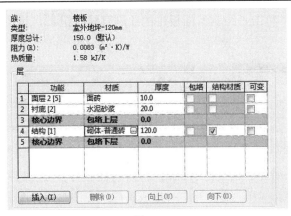

图 9-4

5）完成后单击"确定"按钮返回类型属性对话框，再次单击"确定"按钮退出类型属性对话框。返回楼板绘制状态。

【提示】在草图绘制模式下，不能进行项目的保存操作。否则 Revit 将退出草图绘制模式。

9.1.2　创建楼板

定义完成楼板类型后，接下来将进行楼板的创建工作。由于楼板的创建需要绘制轮廓投影草图，因此建议在楼层平面视图中，进行室内楼板草图的绘制。

1）接上节练习。确认仍处于"修改|创建楼层边界"模式；确认当前视图为 1F 楼层平面视图。如图 9-5 所示，在"属性"面板类型选择器列表中选择 "室内地坪-120mm"作为当前使用的楼板类型。确认"属性"面板中中"标高"为"1F"，"自标高的高度偏移"值为"0.0"，即将要创建的楼板图元的顶面与 1F 标高平齐。

图 9-5

2）如图 9-6 所示，单击"绘制"面板中的绘制直线按钮 ，设置选项栏偏移值为 0.0，确认勾选"链"选项。

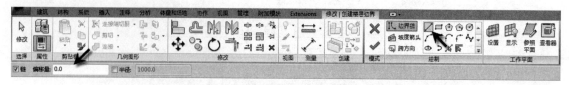

图 9-6

3）如图 9-7 所示，捕捉 2 轴线与 A 轴线交点位置的结构柱边缘并单击，将其作为轮廓线起点；水平向右移动光标，沿建筑物外边缘形成首尾相连的封闭轮廓。

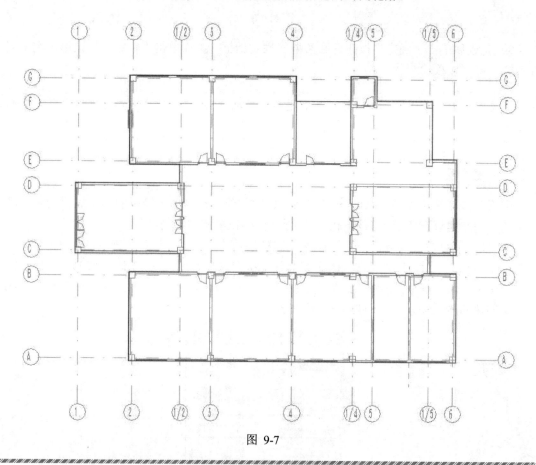

图 9-7

【提示】楼板边界必须是连续的封闭轮廓。即不能交叉，也不能开放，且不能有重叠的线。但 Revit 允许存在嵌套的封闭轮廓。

4）单击"绘制"面板中的"矩形" 按钮，设置选项栏"偏移值"为 0.0。如图 9-8 所示，捕捉 3 轴线与 D 轴线交点，将其作为起点，向右下方移动光标，直到捕捉至 C 轴线上 4 轴线与 1/4 轴线之间任意一点位置单击完成矩形绘制。单击选择该矩形右侧边界，配合使用临时尺寸标注，修改该边界与 1/4 轴线之间距离为 2600。

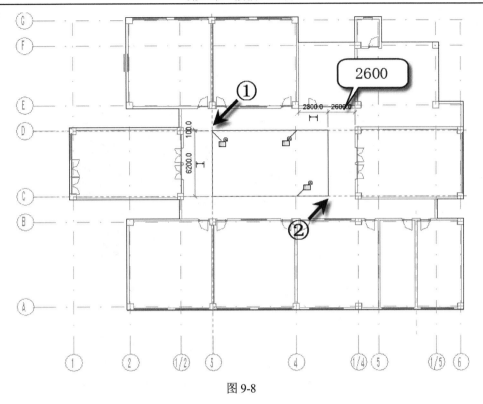

图 9-8

5）绘制完成后，单击"模式"面板中"完成编辑模式"按钮✔，完成室内地坪的创建。由于楼板与外墙部分重叠，Revit 将给出如图 9-9 所示的"是否希望连接几何图形"对话框，询问用户是否对相交的墙体和楼板进行连接操作，单击"否"不接受该建议。

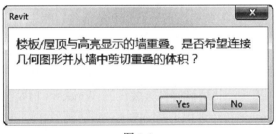

图 9-9

6）切换至 2F 楼层平面视图。使用建筑楼板工具，进入到"修改|创建楼层边界"上下文选项卡。确认当前楼板类型为"室内楼板-120mm"作为当前使用的楼板类型。确认限制条件标高为"2F"，自标高的高度偏移"0.0"。

7）单击"绘制"面板中轮廓边界的绘制方式为"拾取墙"，确认选项栏"偏移量"为 0，确认勾选"延伸到墙中（至核心层）"选项。依次沿 2F 外侧墙体外侧边缘位置单击，Revit 将沿所拾取墙核心层边界位置生成楼板轮廓边界。配合使用修剪工具修剪所有楼板边界首尾相连。

【提示】拾取墙生成楼板轮廓边界时，单击边界线上的反转符号⇆，可在边界线沿墙核心层外表面或内表面间进行切换。

8）采用第 3）步操作完全相同的方式绘制封闭矩形，完成后单击"完成编辑模式"按钮完成楼板创建。当弹出是否剪切墙体时选择"否"。完成后楼板如图 9-10 所示。

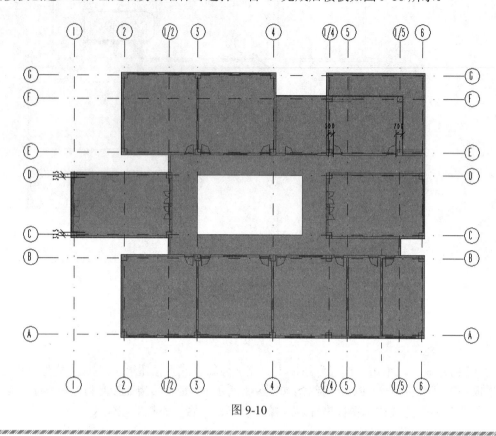

图 9-10

【提示】"拾取墙"模式仅允许用户拾取已有墙图元，并沿墙生成轮廓边界。不论采用何种方式，其目的均为创建封闭的楼板轮廓边界草图。

9）单击楼板中部洞口边缘选择 2F 楼板，自动切换至"修改|楼板"上下文选项卡。单击"剪贴板"面板中的"复制"工具，将所选择图元复制到 Windows 剪贴板。单击"粘贴"下拉列表中"与选择标高对齐"命令，在弹出的选择标高对话框中选择"3F"单击"确定"按钮创建 3 层楼板。

使用与创建室内楼板相同的方式可以为教学楼添加室外楼板。注意在创建室外楼板时，存在与标高间的高差，因此在创建室外楼板时应注意设置与标高的偏移值。

10）切换至 F1 楼层平面视图。使用建筑楼板工具进入楼板轮廓草图绘制状态。确认当前的楼板类型为"室外地坪-120mm"。在"属性"面板中，确认"标高"为 1F，"自标高的高度偏移"设置为-150mm，即所创建的楼板板面与在 1F 标高之下 150mm。

11）设置"绘制"面板中的绘制模式为"边界线"，绘制方式为"拾取线"，设置选项栏中的"偏移量"值为 0.0。

12）如图 9-11 所示，依次沿室内地坪中庭孔洞位置单击鼠标左键，Revit 将沿该洞口边缘生成室外中庭楼板的轮廓边界线。完成后单击"完成编辑模式"按钮，完成中庭室外地坪的创建，该楼板将比室内地坪标高低 150mm。

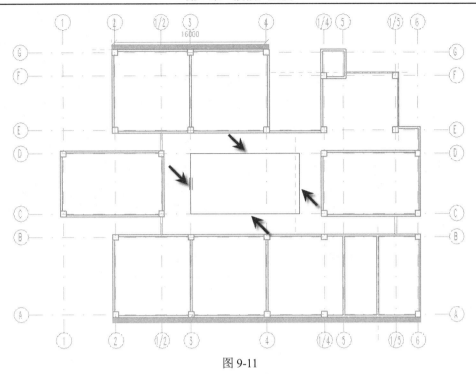

图 9-11

13）至此完成室内楼板创建工作。保存该项目文件，或打开光盘"练习文件\第 9 章\9.1.rvt"项目文件查看最终操作结果。

在 Revit 中，创建楼板是在平面视图中绘制楼板首尾相连的封闭投影轮廓边界后，再根据类型属性中定义的各结构层的厚度生成实体模型。在 Revit 中，可以将楼板理解为"水平放置"的墙，因此楼板的类型属性定义与基本墙的类型属性定义非常一致。

Revit 还提供了结构楼板。结构楼板的使用方式与建筑楼板相同。区别在于结构楼板可以为楼板进行钢筋信息的设置，并在结构计算模型中，显示为结构板模型。如图 9-12 所示，在 Revit 中，任何时候，都可以通过勾选"属性"面板中的"结构"参数将建筑楼板转换为结构楼板。

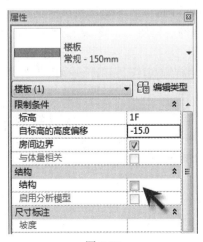

图 9-12

9.2 创建平屋顶

在 Revit 中，可以直接使用建筑楼板来创建简单的平屋顶。对于复杂形式的坡屋顶，Revit 还提供了专门的屋顶工具，用于创建各种形式的复杂屋顶。在 Revit 中，提供了迹线屋顶、拉伸屋顶和面屋顶三种创建屋顶的方式。其中迹线屋顶的使用方式与楼板类似，通过在平面视图中绘制屋顶的投影轮廓边界的方式创建屋顶，并在迹线中指定屋顶坡度，形成复杂的坡屋顶。本书将主要介绍通过迹线屋顶的方式为综合楼项目创建平屋顶。

1）接上节练习。切换至屋面标高楼层平面视图。如图 9-13 所示，单击"建筑"选项卡"构建"面板中"屋顶"工具下拉按钮，在下拉列表中选择"迹线屋顶"工具，进入"修改|创建屋顶迹线"模式。

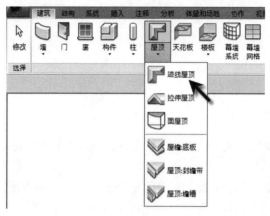

图 9-13

【提示】在屋顶下拉列表中，还提供了封檐带、檐槽两种基于屋顶的主体放样工具。"底板"的用法类似于楼板，用于生成坡屋顶屋檐下方的檐板。

2）在"属性"面板类型选择器中，选择"基本屋顶：常规 125mm"作为当前屋顶类型。打开"类型属性"对话框，该对话框与基本墙、楼板对话框内容相似。打开"编辑部件"对话框，如图 9-14 所示，修改结构层材质为"混凝土-现场浇筑混凝土"；在核心边界上方插入新构造层，修改其功能为"面层 2[5]"，其厚度为 25mm，修改其材质为水泥砂浆。此时屋顶的总厚度为 150mm。完成后单击"确定"按钮两次退出"类型属性"对话框。

图 9-14

【提示】屋顶属于系统族。Revit 中提供了两个屋顶族：基本屋顶和玻璃斜窗。

3）如图 9-15 所示，确认绘制面板中当前绘制的对象为"边界线"，确认生成边界线的方式为"拾取墙"。确认不勾选选项栏"定义坡度"选项，设置"悬挑"值为 0，勾选"延伸到墙中（至核心层）"选项。

图 9-15

【提示】"悬挑"值用于确定生成的迹线位置与所拾取的墙位置的偏移值。

4）如图 9-16 所示，依次沿女儿墙内表面单击拾取墙体，Revit 将沿女儿墙位置生成屋顶迹线；使用类似的方式沿中庭女儿墙外表面位置单击生成屋顶迹线。

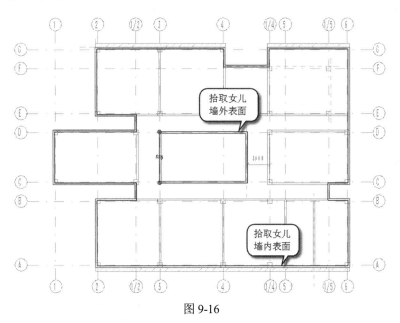

图 9-16

5）确认"属性"面板中"底部标高"设置为"屋面标高"。在 Revit 中，屋顶工具创建的顶屋顶图元的底面将与所指定的标高对齐。为确保屋顶的"顶面"与标高面对齐，修改"属性"面板中"自标高的底部偏移"值为-150，单击"应用"按钮应用该设置。

6）完成后单击功能区"模式"面板中的"完成编辑模式"按钮完成屋顶编辑，当询问是否剪切重叠部分的墙体积对话框时，选择"否"不接受该建议。

7）继续使用"迹线屋顶"工具，进入"修改|创建屋顶迹线"模式。确认当前屋顶类型为"玻璃斜窗"；打开类型属性对话框，该对话框内容与幕墙类型属性对话框设置内容类似。如图 9-17 所示，复制新建名称为"教学楼玻璃顶"的新类型，设置"网格 1 样式"与"网格 2

样式"的布局方式均为"固定距离",修改"间距"值分别为 3000、2000;修改所有竖梃默认值均为"矩形竖梃:50×150mm"竖梃类型,完成后单击"确定"按钮退出类型属性对话框。

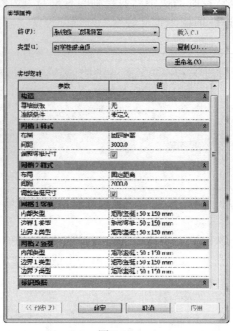

图 9-17

8)确认绘制面板中当前绘制的对象为"边界线",确认生成边界线的方式为"拾取墙"。确认不勾选选项栏"定义坡度"选项,设置"悬挑"值为 0,勾选"延伸到墙中(至核心层)"选项。如图 9-18 所示,沿中庭女儿墙内表面拾取生成屋顶迹线。完成后单击"完成编辑模式"按钮完成屋顶。

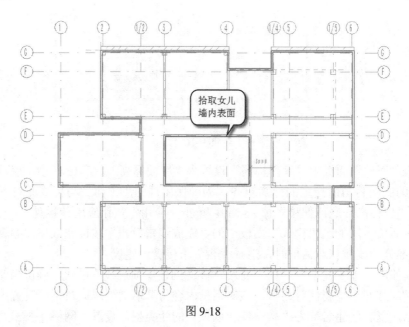

图 9-18

9）切换至默认三维视图，完成后屋顶如图 9-19 所示。至此，完成教学楼平屋顶及玻璃屋顶的创建。保存该项目文件，或打开光盘"练习文件\第 9 章\9.2.rvt"项目文件查看最终操作结果。

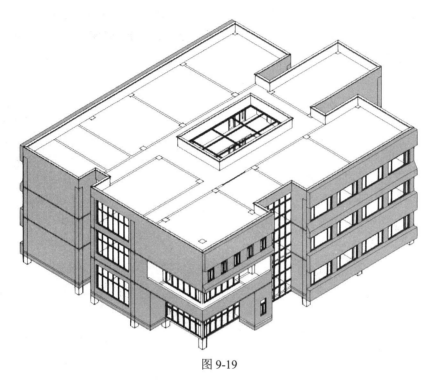

图 9-19

在 Revit 中，迹线屋顶的使用方式与楼板使用非常类似。要生成平屋顶，只需要在绘制迹线时不勾选选项栏"定义坡度"选项即可。使用迹线屋顶，还可以生成带有坡度的复杂屋顶。如图 9-20 所示，当在迹线中定义坡度时，将生成复杂的带有坡度的屋顶。在绘制迹线时，定义坡度的迹线将显示坡度符号 ⬠。

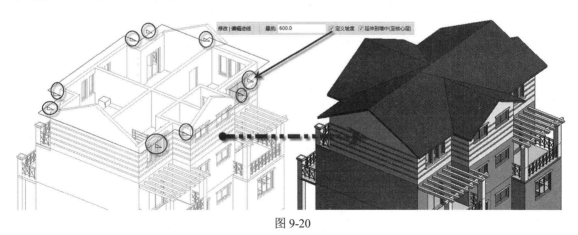

图 9-20

在创建楼板迹线时，也可以为楼板定义坡度，但任何楼板图元中，Revit 仅允许存在一个方向的坡度。限于篇幅，在此不再赘述。

9.3   本章小结

    本章学习了 Revit 2013 中楼板、屋顶等建筑构件的用法，并完成教学楼项目中室内楼板、室外楼板、屋顶的绘制，并利用迹线屋顶工具创建水平形式的幕墙——玻璃斜窗。下一章将为教学楼项目继续添加楼梯、扶手等模型图元。

第 10 章　楼梯、扶手

本章提要：

➤ 掌握楼梯和扶手的创建方式
➤ 掌握室外台阶的创建方式

Revit 中提供了楼梯、扶手等工具，用于在项目中创建楼梯和扶手构件。本章将通过为教学楼创建楼梯、扶手等构件，详细介绍这些构件的创建及编辑方式。

10.1　创建室内楼梯

使用"楼梯"工具，可以在项目中添加各种样式的楼梯。在 Revit 中，楼梯由楼梯和扶手两部分构成，在绘制楼梯时，Revit 会沿楼梯自动放置指定类型的扶手。与其它构件类似，需要通过楼梯的类型属性对话框定义楼梯的参数，从而生成指定的楼梯模型。

1）接 9.2 节练习，或打开光盘"练习文件\第 9 章\9.2.rvt"项目文件。切换至 1F 楼层平面图，适当缩放视图至 C~D 轴线间 5 轴线上的楼梯间。单击"建筑"选项卡"楼梯坡道"面板中的"楼梯"按钮，并选择"楼梯（按草图）"，如图 10-1 所示。

2）在"属性"面板类型选择器中选择"整体浇筑楼梯"类型，如图 10-2 所示。

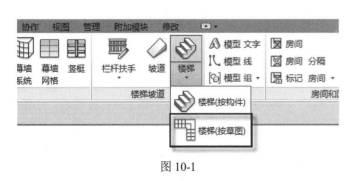

图 10-1

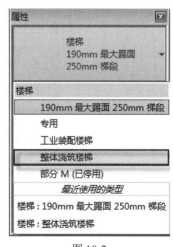

图 10-2

3）单击图元属性对话框中的"编辑类型"，弹出 "类型属性"对话框。如图 10-3 所示，确认"族"列表中当前族为"系统族：楼梯"，单击"复制"按钮，输入名称"教学楼楼梯"作为新楼梯的类型名称，完成后单击"确定"按钮返回类型属性对话框。

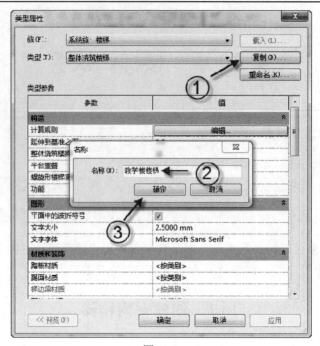

图 10-3

4）如图 10-4 所示，单击类型参数列表"材质和装饰"中"踏板材质"右侧的按钮，弹出"材质浏览器"对话框。

图 10-4

5）如图 10-5 所示，在"材质浏览器"的搜索栏中输入"混凝土"，从搜索结果列表中选择"混凝土-现场浇筑混凝土"材质，完成后单击"确定"按钮返回类型属性对话框。

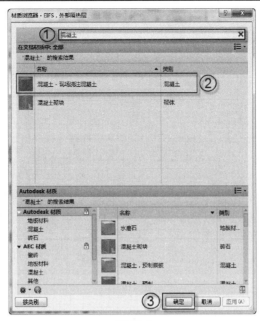

图 10-5

6）如图 10-6 所示，按照上一步的方法分别修改类型参数列表中"踢面材质"和"整体式材质"为"混凝土-现场浇筑混凝土"。

图 10-6

7）继续设置楼梯类型参数。如图 10-7 所示，修改"踏步"参数分组中的"踏步深度最小值"为 300，设置"踏步厚度"为 15，"楼梯前缘长度"为 5，"楼梯前缘轮廓"为默认；在"踢面"参数分组中，设置"最大踢面高度"为 150，并勾选"开始于踢面"和"结束于踢面"，设置"踢面类型"为直梯，"踢面厚度"为 15，"踢面至踏板连接"为"踏板延伸至踢面下"。设置"梯边梁"参数分组中的"在顶部修剪梯边梁"方式为"匹配标高"。完成后单击"确定"，退出类型属性对话框。

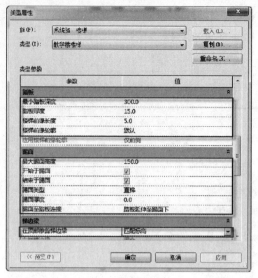

图 10-7

8）如图 10-8 所示，在属性面板中确认"限制条件"中的 "底部标高"为 1F，"顶部标高"为 2F；设置"尺寸标注"参数分组中的楼梯"宽度"为 3000；其他参数参照默认值，此时 Revit 会自动计算出所需的踢面数为 30。

【提示】可以在"属性"面板中修改"所需踢面数"的参数值。该值决定最终实际楼板的踏步数。注意该踢面数不得小于最大踢面高度所确定的最少踢面数。

9）如图 10-9 所示，单击上下文选项卡"工具"面板中的"栏杆扶手"按钮，弹出"栏杆扶手"对话框，在扶手类型列表中选择"900mm"，位置选择为"梯边梁"，完成后单击"确定"按钮。至此，完成了教学楼楼梯的构造定义。

图 10-8　　　　　　　　　　　　　　　图 10-9

10）如图 10-10 所示，单击上下文关联选项卡"工作平面"面板中的"参照平面"工具，在楼梯间水平方向中心位置绘制参照平面，并在中心参照平面上下两侧各 1595mm 处绘制平行参照平面。

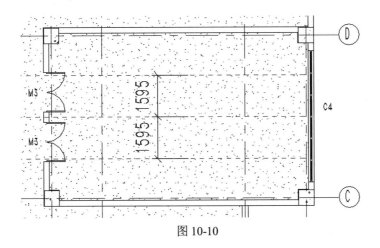

图 10-10

11）如图 10-11 所示，在上下文关联选项卡"绘制"面板中选择"梯段"绘制模式，并绘制方式选择"直线"。

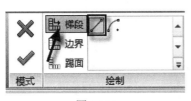

图 10-11

12）如图 10-12 所示，移动光标至楼梯间中心线上方的参照平面处，在轴线 5 交点处捕捉起点后单击鼠标左键，将其确定为楼梯起点，沿水平方向向右移动光标，Revit 会自动显示已创建的踢面数及剩余的踢面数。当创建的踢面数为 15 时，单击鼠标左键，完成第一个梯段。

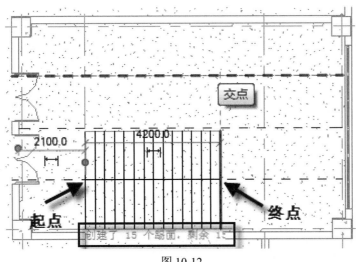

图 10-12

13）向上移动光标至中心线上面的参照平面，当光标捕捉至参照平面与第一个梯段延长线交点时，单击鼠标左键，将其确定为第二个梯段的起点。沿水平方向向左移动光标，直到Revit 提示踢面数为"剩余 0 个"的时候单击鼠标左键完成第二个梯段的创建。完成后的梯段如图 10-13 所示。

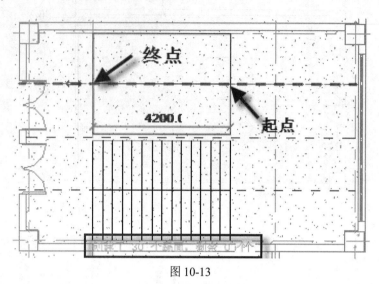

图 10-13

14）如图 10-14 所示，选择楼梯边界线，使用"对齐"工具，设置选项栏参照墙的"首选"方式为"参照核心层表面"，单击楼梯间的墙内侧核心层表面位置，将该位置作为对齐的目标点，再单击楼梯草图右侧边界线将其对齐至墙核心层表面。完成后单击上下文关联选项卡"模式"面板中"完成编辑模式"按钮完成楼梯的绘制。

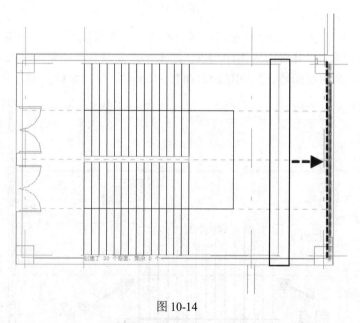

图 10-14

15）如图 10-15 所示，在 1F 楼层平面视图中选择楼梯外侧靠墙扶手，单击"修改|栏杆扶手"选项卡"模式"面板中的"编辑路径"按钮。

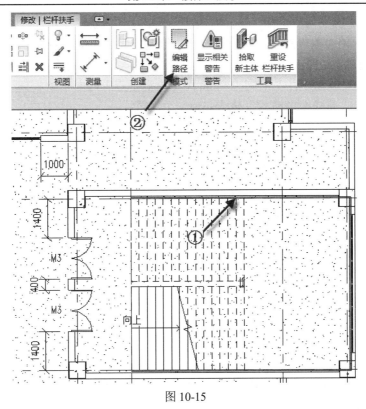

图 10-15

16）删除上下两侧靠墙的扶手路径线，如图 10-16 所示，然后单击上下文关联选项卡 "模式" 面板中 "完成编辑模式" 按钮，完成扶手的修改。

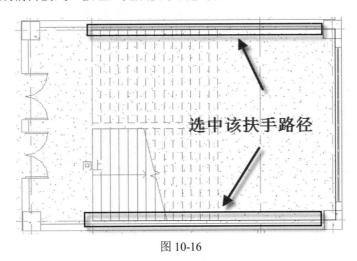

图 10-16

17）重复上述步骤，完成 1F 左侧楼梯间楼梯的创建。完成 1F 楼梯创建后切换至 2F 视图，继续上述方法，分别完成 2F 楼层平面图中左右两侧楼梯间的楼梯创建。

【提示】参照平面会显示在所有楼层平面视图中，因此不需要再其它视图中绘制参照平面。

18）切换至 3F 标高楼层平面，选择右侧楼梯间处楼梯扶手，单击"修改|栏杆扶手"选项卡"模式"面板中的"编辑路径"按钮，选择"绘制"面板中的"直线"绘制模式，勾选选项栏中的"链"选项，如图 10-17 所示，用光标捕捉至扶手已有路径左侧端点，单击鼠标左键，将其作为路径起点，先水平往左绘制 100mm 路径再沿垂直方向向下绘制直线至楼梯间内墙表面。完成后，单击"完成编辑模式"按钮完成扶手编辑。

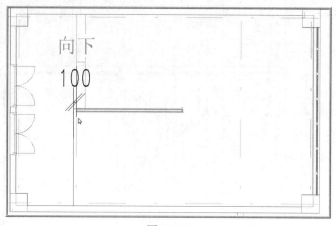

图 10-17

19）重复上一步骤的方法，完成 3F 楼层平面图中左侧楼梯间的楼梯扶手的编辑。完成后楼梯与扶手的状态如图 10-18 所示。

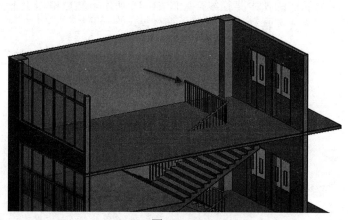

图 10-18

由于在绘制楼板时并未预留楼梯间的洞口，接下来，分别介绍采用"竖井洞口"和"面洞口"为楼梯间的楼板添加洞口。

20）如图 10-19 所示，切换至 2F 标高楼层平面视图，单击"建筑"选项卡"洞口"面板中"竖井"按钮，进入创建竖井洞口模式。

21）在属性对话框中底部限制条件选择为"1F"，顶部约束选择为"直到标高：3F"，并单击"绘制"面板中的"边界线"，并选择绘制方式为"直线"，如图 10-20 所示。

图 10-19

图 10-20

22）移动光标至右侧楼梯间并沿楼板梯界绘制洞口边界，使其首尾相连，结果如图 10-21 所示。

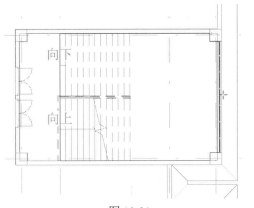

图 10-21

23）单击上下文关联选项卡"模式"面板中"完成编辑模式"按钮，完成右侧楼梯间洞口的创建。完成后，教学楼右侧楼梯间如图 10-22 所示。

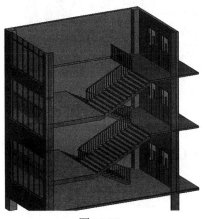

图 10-22

24）保持为 2F 标高楼层平面视图，如图 10-23 所示，单击"建筑"选项卡"洞口"面板中"面洞口"按钮，进入创建面洞口模式。

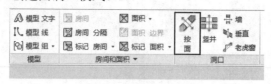

图 10-23

25）如图 10-24 所示，移动鼠标选中 2F 楼板后，进入创建洞口边界模式，移动光标至左侧楼梯间并沿楼板梯界绘制洞口边界，使其首尾相连。

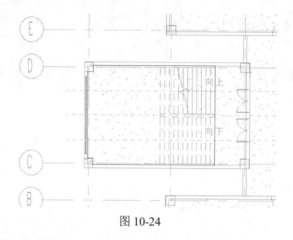

图 10-24

【提示】与"竖井洞口"不同，此步骤只能完成 2F 楼梯间洞口创建，3F 楼梯间洞口的创建需切换至 3F 楼层平面图后重复上述步骤完成。

26）单击上下文关联选项卡"模式"面板中"完成编辑模式"按钮，完成 2F 左侧楼梯间洞口的创建，如图 10-25 所示。

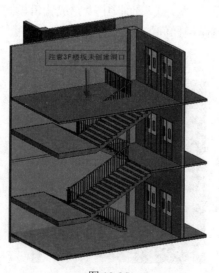

图 10-25

27）切换至 3F 标高楼层平面视图，重复上述步骤完成 3F 左侧楼梯间的洞口创建。

28）至此完成教学楼楼梯的创建。保存项目文件，或打开光盘"练习文件\第 10 章\10.1.rvt"项目文件查看最终操作结果。

楼梯中最重要的参数为类型参数中的最大踢面高度及最小踢面宽度。它们分别决定楼梯所需要的最少踏步数及最短梯段长度。

除使用草图方式创建楼梯外，Revit 还可以按部件的方式创建楼梯。楼梯部件包括梯段、平台及梯梁。按部件方式创建楼梯将更加灵活，通常用于生成多跑或复杂的楼梯形式。如图 10-26 所示左侧的三跑楼梯以及右侧的剪刀梯等。限于篇幅，本书不对该楼梯形式进行详述。

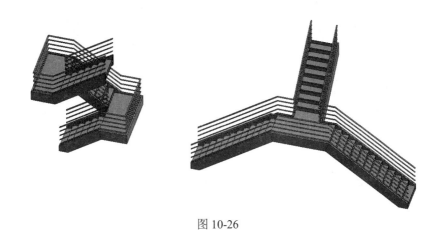

图 10-26

10.2 创建天井扶手

使用"扶手"工具，可以在项目中添加扶手。扶手属于系统族，Revit 允许用户自定义任意形式的扶手类型。

1）接上节练习，或打开光盘"练习文件\第 10 章\10.1.rvt"项目文件，切换至 2F 楼层平面图，适当缩放视图至 C~D 轴线间 3、4 轴线的天井处。单击"建筑"选项卡"楼梯坡道"面板中的"栏杆扶手"按钮，并选择"绘制路径"，如图 10-27 所示。

图 10-27

2）在属性面板类型选择器中选择栏杆扶手类型为"900mm"。如图 10-28 所示，选择"绘制"面板中的"矩形"绘制模式，设置选项栏中的"偏移量"为 100。不勾选"半径"选项。

图 10-28

3）移动光标捕捉 2F 天井的左上角交点后单击鼠标左键，然后移动光标至 2F 天井的右下角交点并捕捉交点后单击鼠标左键，如图 10-29 所示。然后单击上下文关联选项卡"模式"面板中"完成编辑模式"按钮，完成 2F 天井扶手的绘制。

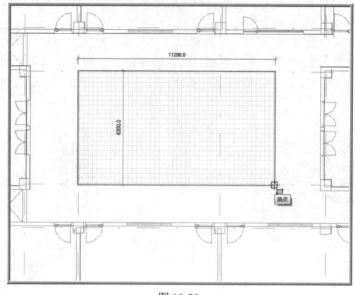

图 10-29

4）选择 2F 天井扶手，配合使用"复制到剪贴板"和"与选定的标高对齐"粘贴方式完成 3F 天井扶手的创建。

5）保存项目文件，或打开光盘"练习文件\第 10 章\10.2.rvt"项目文件查看最终操作结果。

在生成扶手时，可以使用"工具"面板中"重新指定主体"使他为扶手指定主体，如楼板、楼梯、坡道。本节操作中，利用了项目样板中自带的扶手类型。事实上，通过扶手的类型属性对话框，可以分别定义扶手结构与栏杆位置，并通过组合生成在扶手方向上重复的图案模型。如图 10-30 所示，为通过自定义扶手生成的扶手样式。在 Revit 中，进一步加强了扶手的编辑能力。扶手属于非常灵活的构件。在进阶培训中，将详细介绍这些内容。

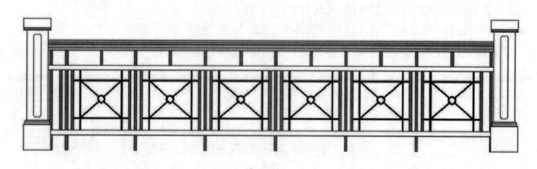

图 10-30

10.3　创建室外台阶和散水

在第 7 章中通过使用墙饰条生成了教学楼项目外墙装饰。除墙饰条外，Revit 还提供了楼板边缘、屋顶檐沟、屋顶封檐带等其它主体主放样工具。选择合适的轮廓，利用"楼板"命令中提供的"楼板边缘"工具，可以创建室外台阶。本节将继续为教学楼项目创建室外台阶以及散水。

1）接上节练习，或打开光盘"练习文件\第 10 章\10.2.rvt"项目文件。切换至 1F 标高楼层平面视图，适当放大教学楼主入口 5~6 轴线入口位置，使用"楼板"工具，进入"创建楼层边界"状态。

2）打开"类型属性"对话框。以"常规-150mm"为基础复制创建名称为"教学楼室外楼板 600mm"新楼板类型，单击"确定"按钮返回类型属性对话框。

3）打开"编辑部件"对话框。如图 10-31 所示，修改结构层厚度设置为"600"，设置结构层材质为"混凝土-现场浇筑混凝土"，单击"确定"按钮返回"类型属性"对话框，最后单击类型属性对话框中的"确定"按钮，退出"类型属性"对话框。

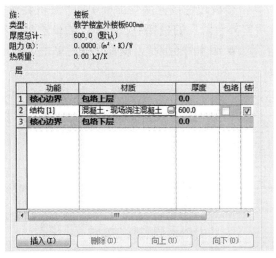

图 10-31

4）如图 10-32 所示，在上下文关联选项卡"绘制"面板中选择"边界线"绘制模式，并绘制方式选择"直线"。

图 10-32

5）移动光标至教学楼主入口处，沿边界绘制教学楼室外楼板草图，如图 10-33 所示。然后单击上下文关联选项卡"模式"面板中"完成编辑模式"按钮，完成主入口处室外楼板的创建。

6）单击"插入"选项卡"从库中载入"面板中单击"载入族"命令，浏览至"练习文件 \第 10 章\raf\4 级室外台阶.rfa"文件，单击"打开"按钮，载入此族。

7）如图 10-34 所示，单击"建筑"选项卡"构建"面板中"楼板：楼板边"工具。

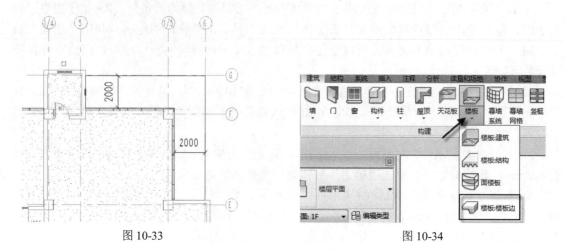

图 10-33　　　　　　　　　　　　　　　　　　图 10-34

8）如图 10-35 所示，单击楼板边缘图元属性面板中的"编辑类型"，打开类型属性对话框，通过复制创建名称为"4 级室外台阶"的楼梯边缘类型，并设置类型参数中的"轮廓"值选择刚刚载入的"4 级室外台阶：4 级室外台阶"。设置完成后单击"确定"按钮，退出"类型属性"对话框。

图 10-35

9）如图 10-36 所示，在三维视图下单击拾取第 3 步中创建的主入口楼板左右前侧边缘，即沿楼板边缘生成台阶。完成后按 Esc 键退出楼板边缘命令。

10）如图 10-37 所示，采用上述室外楼板和台阶的创建办法在教学楼后门创建室外楼板和室外台阶。

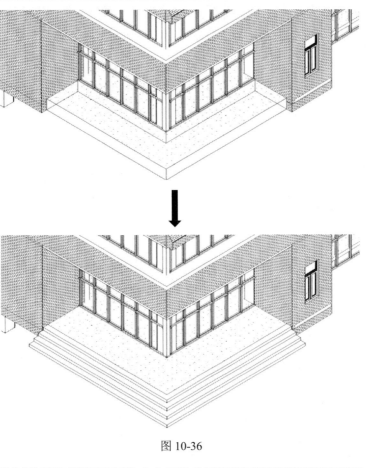

图 10-36

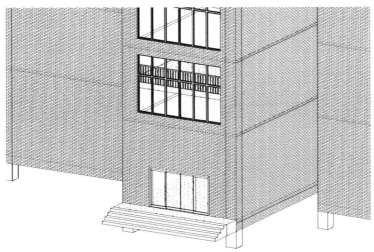

图 10-37

Revit 没有提供专用的散水的创建工具，可以继续通过使用主体墙饰条工具，利用合适的轮廓族创建散水。Revit 允许自定义任意的轮廓族。接下来将创建散水轮廓，并利用墙饰条利用该轮廓生成散水。

11）单击应用程序菜单按钮，在列表中选择"新建"→"族"，如图 10-38 所示，在弹出"新族-选择样板文件"对话框中选择"公制轮廓"样板，单击"打开"按钮。进入轮廓族编辑器模式。

图 10-38

【提示】族样板的文件格式是为.rft。

12）使用"创建"选项卡"详图"面板中"直线"工具，如图 10-39 所示，在绘图区中以参照平面中心为基点在第 1 象限内绘制封闭散水断面轮廓。注意在轮廓族不得有重叠的线。

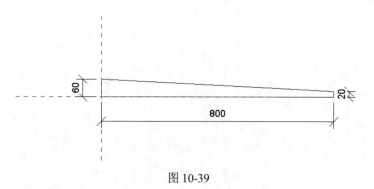

图 10-39

13）单击"保存"按钮，将该轮廓族命名为"800 宽散水轮廓.rfa"族文件保存于硬盘任意位置。在族编辑器中单击"族编辑器"面板中"载入到项目中"按钮，将创该轮廓族载入到项目中。

14）切换至默认三维视图。单击"建筑"选项卡"构建"面板"墙"工具下接列表，在列表中选择"墙饰条"工具，进入"修改|放置墙饰条"上下文选项卡。

15）打开墙饰条"类型属性"对话框，如图 10-40 所示，复制新建名称为"800 宽散水轮廓"的新墙饰条类型，设置"轮廓"为上一步中创建并载入的"800 宽散水轮廓"轮廓族，设置"材质"为"混凝土-现场浇注混凝土"，其它参数默认，单击"确定"按钮退出"类型属性"对话框。

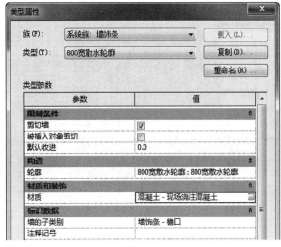

图 10-40

6）沿外墙底部位置依次单击，Revit 将沿教学楼外墙底部生成散水。完成后按"Esc"键两次退出墙饰条放置格式。切换至地面标高楼层平面视图，完成后散水如图 10-41 所示。

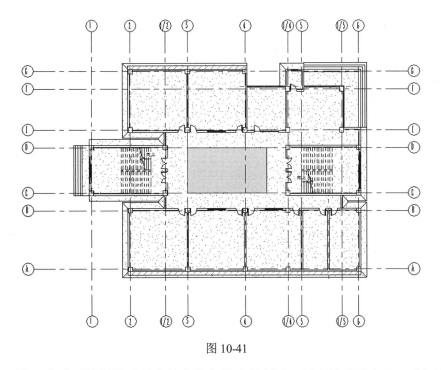

图 10-41

17）至此，完成了教学楼项目室外台阶与散水的创建。保存该项目文件，或打开光盘"练习文件\第 10 章\10.3.rvt"项目文件查看最终结果。

在生成墙饰条或楼板边缘时，可随时按住并拖拽端点位置的操作夹点修改已生成放样图元的长度，并利用上下文选项卡中"添加/删除段"来添加新的放样路径边缘，如图 10-42 所示。对于墙饰条，还可以在生成墙饰条后，利用上下文选项卡中"修改转角"工具修改墙饰条的转角。

图 10-42

10.4   本章小结

本章结合教学楼项目主要介绍了楼梯、栏杆扶手和室外台阶以及散水的创建过程，并利用竖井工具为楼梯间位置的楼板生成竖井洞口。在下一章中，将按照教学楼项目的创建流程介绍 Revit 2013 中关于洞口和竖井的创建方法。

第11章 结构梁及基础

本章提要:

➤ 创建结构梁

➤ 创建基础

Revit 提供了梁、基础等一系列结构工具，用于完成结构专业模型，在本书第 5 章中，介绍了如何使用结构柱工具为教学楼项目创建结构柱，本章将继续完成结构梁和结构基础的创建。

11.1 创建结构梁

Revit 提供了梁和梁系统两种创建结构梁的方式。使用梁时必须先载入相关的梁族文件。接下来以为教学楼添加部分楼层梁，学习梁的使用方法。为了便于建模，将为各标高创建结构楼层平面视图，并在该视图中隐藏除结构柱和轴网外的其他图元。

1）接 10.3 节练习，或打开光盘"练习文件\第 10 章\10.3rvt"项目文件。切换至 F1 楼层平面视图。如图 11-1 所示，单击"视图"选项卡"创建"面板中"平面视图"下拉列表，在列表中选择"结构"平面选项，弹出"新建结构平面"对话框。

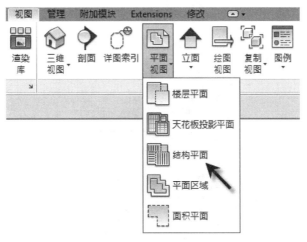

图 11-1

2）如图 11-2 所示，在"新建结构平面"对话框中，将列出所有未创建结构平面视图的标高。配合键盘 Ctrl 键，在标高列表中选择 1F、2F、3F 以及屋面标高。单击"确定"按钮退出"新建结构平面"对话框。Revit 将为所选择的标高创建结构平面视图。并在项目浏览器"视图"类别中创建"结构平面"视图类别。

图 11-2

【提示】勾选"新建结构平面"对话框中"不复制现有视图"选项，将在列表中隐藏已创建结构平面视图的标高。

3）切换至 2F 结构平面视图。不选择任何图元，Revit 将在"属性"面板中显示当前视图属性。如图 11-3 所示，修改"属性"面板"规程"为"结构"，单击"应用"按钮应用该设置。Revit 将在当前视图中隐藏所有建筑墙、建筑楼板等非结构图元。

图 11-3

【提示】Revit 使用"规程"用于控制各类别图元的显示方式。Revit 提供建筑、结构、机械、电气、卫浴和协调共 6 种规程。在结构规程中"墙饰条"、幕墙等图元不会被隐藏。

4）单击功能区"结构"选项卡"结构"面板中"梁"工具,自动切换至"修改放置梁"上下文选项卡中。

【快捷键】梁工具的默认快捷键为 BM。

5）单击"模式"面板中的"载入族"工具，载入光盘"练习文件\第 11 章\rfa\混凝土-矩形梁.rfa"族文件。Revit 将当前族类型设置为刚刚载入的族文件。

6）打开"类型属性"对话框，复制并新建名称为"250×700"的梁类型。如图 11-4 所示，修改类型参数中的宽度为 250，高度为 700。注意修改"类型标记"值为"250×700"。完成后，单击"确定"按钮退出"类型属性"对话框。

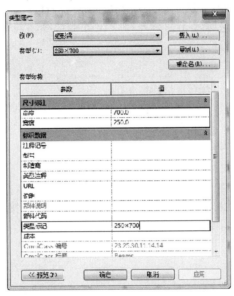

图 11-4

【提示】"类型标记"值将在绘制时出现在梁标签中。

7）如图 11-5 所示，确认"绘制"面板中的绘制方式为"直线"，激活"标记"面板中"在放置时进行标记"选项；设置选项栏中的"放置平面"为"F2"， 修改结构用途为"大梁"，不勾选"三维捕捉"和"链"选项。

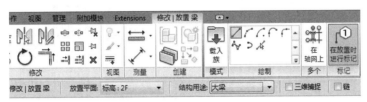

图 11-5

8）确认"属性"面板中 "Z 方向对正"设置为"顶"。即所绘制的梁将以梁图元顶面与"放置平面"标高对齐。如图 11-6 所示，移动光标至 2 轴线与 G 轴线相交位置单击，将其作为梁起点，沿 G 轴线水平向右移动光标直到至 3 轴线与 G 轴线相交位置单击作为梁终点，绘制结构梁。

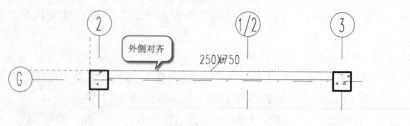

图 11-6

9）由于梁与柱的关系为梁与柱外边缘平齐，因此需对所建梁作对齐处理。使用"对齐"工具，进入对齐修改模式。如图 11-7 所示，光标移动到结构柱外侧边缘位置单击作为对齐的目标位置，再次单击梁外侧边缘单击鼠标左键，梁外侧边缘将与柱外侧边缘对齐。

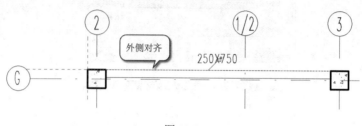

图 11-7

10）使用类似的方式，绘制 2F 其他部分的梁。注意位于外侧的梁均与结构柱外侧边缘对齐。结果如图 11-8 所示。

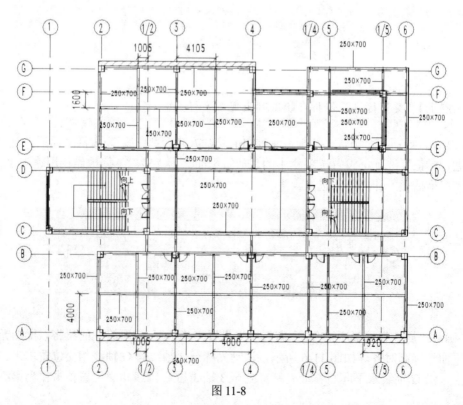

图 11-8

11）框选 2F 结构平面视图中所有图元。配合使用选择过滤器，过滤选择所有已创建的梁图元及梁标记。配合使用复制到剪贴板及与选定的视图对齐的方式粘贴至 3F 与屋面标高结构平面视图。切换至默认三维视图，创建完成后的框架梁如图 11-9 所示。

图 11-9

【提示】当选择集中包含标记信息时，仅能选择与所选择的视图对齐选项。

12）保存该项目文件，或打开光盘"练习文件\第 11 章\11.1rvt"项目文件查看最终操作结果。

梁构件与门窗类似，可以通过载入指定族文件的方式，创建不同截面形状的梁。如图 11-10所示。

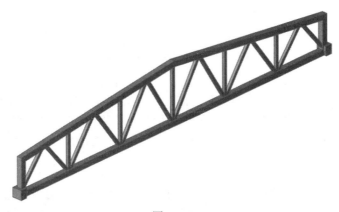

图 11-10

在绘制梁时，还可以为梁指定工作平面，所生成的梁将沿工作平面方向进行绘制，如图 11-11 所示，厂房中檩条为使用梁工具沿屋架顶面作为工作平面进行绘制。

图 11-11

11.2   创建基础

Revit 提供了 3 种基础形式，分别是条形基础、独立基础和基础底板，用于生成建筑不同类型的基础，教学楼为框架结构，柱下独立基础形式。接下来，将为教学楼项目创建基础模型。

1）接上节练习。切换至 1F 结构平面视图。设置结构平面视图"属性"面板中"规程"为"结构"。单击功能区"结构"选项卡"基础"面板中的"独立"基础命令，由于当前项目所使用的项目样板中不包含可用的独立基础族，因此弹出提示框"是否载入结构基础族"对话框，如图 11-12 所示。

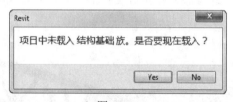

图 11-12

2）单击"是"，将打开"载入族"对话框。浏览至光盘"练习文件\第 11 章\rfa\独立基础二阶.rfa"族文件，载入该基础族。Revit 将自动切换至"修改|放置独立基础"上下文选项卡。

3）如图 11-13 所示，单击"多个"面板中"在柱上"选项，进入"修改|放置独立基础"的"在柱上"模式。

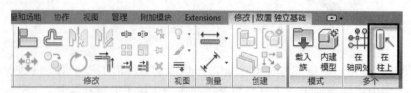

图 11-13

4）如图 11-14 所示，在该模式下，Revit 允许用户拾取已放置于项目中结构柱。框选视图中所有结构柱。Revit 将显示基础放置预览。单击"多个"面板中"完成"按钮，完成结构柱选择。

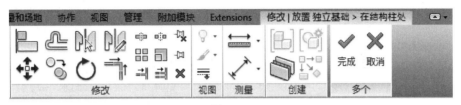

图 11-14

【提示】独立基础仅可放置于结构柱图元下方，不可在建筑柱下方生成独立基础。

5）Revit 将自动在所选择结构柱底部生成独立基础。并将基础移动至结构柱底部。Revit 给出如图 11-15 所示警告对话框。单击视图任意空白位置关闭该警告对话框。

图 11-15

6）按 Esc 键两次，退出所有命令。此时"属性"面板中显示当前结构平面视图属性。单击"视图范围"参数后的"编辑"按钮，打开"视图范围"对话框。如图 11-16 所示，修改"视图深度"中的标高"偏移量"为-1800，修改"主要范围"中"底"偏移量为-1200。完成后单击"确定"按钮退出"视图范围"对话框。

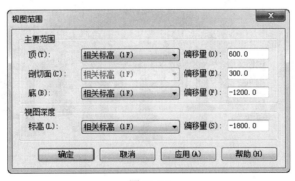

图 11-16

7）修改视图范围后，基础将显示在当前楼层平面视图中。结果如图 11-17 所示。

8）当基础尺寸不相同时，可以使用图元"属性"编辑基础的长度、宽度、阶高、材质等，可从类型选择器切换其他尺寸规格类型；可用移动、复制等编辑命令进行创建编辑。切换至默认三维视图，完成后基础模型如图 11-18 所示。

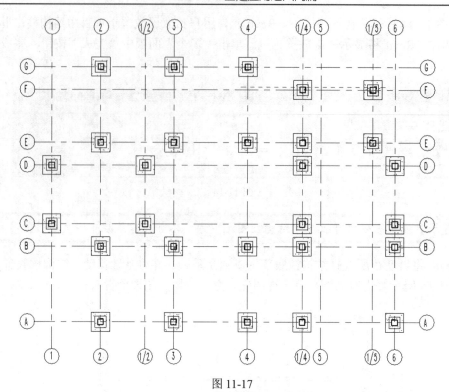

图 11-17

图 11-18

9）至此完成了独立基础的布置。保存该项目文件，或打开光盘"练习文件\第 11 章\11.2.rvt"项目文件查看最终操作结果。

条形基础的用法类似于墙饰条，用于沿墙底部生成带状基础模型。单击选择墙即可在墙底部添加指定类型的条形基础，如图 11-19 所示。可以分别在条形基础类型参数中调节条形基础的坡脚长度、根部长度、基础厚度等参数，以生成不同形式的条形基础。与墙饰条不同的是，条形基础属于系统族，无法为其指定轮廓，且条形基础具备诸多结构计算属性，而墙饰条则无法参与结构承载力计算。

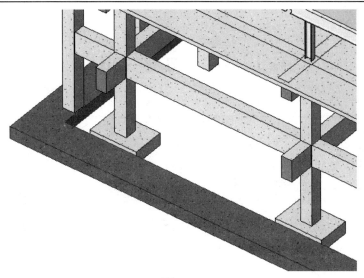

图 11-19

独立基础是将自定义的基础族放置在项目中，并作为基础参与结构计算。使用"公制结构基础.rte"族样板可以自定义任意形式的结构基础。基础底板可以用于创建建筑阀板基础，其用法与楼板完全一致，在此不再详述。

11.3 本章小结

本章使用 Revit 中提供的结构构件完成了教学楼项目结构梁、基础的布置方法和步骤，介绍了如何创建结构平面视图，修改视图规程，并通过修改视图深度，控制视图中模型的显示。下一章将着重介绍教学楼项目场地的创建与 RPC 的概念及布置配景。

第 12 章　场地与 RPC

本章提要：

➤ 创建场地

➤ 放置 RPC 构件

使用 Revit 提供的场地构件，可以为项目创建场地红线、场地三维模型、建筑地坪等等场地构件，完成建筑总图布置。还可以在场地中添加人物、植物以及停车场、篮球场等场地构件，丰富整个场地的表现。

12.1　场地

在 Revit 中场地工具是创建场地模型的重要工具，在场地选项卡中提供了三种创建场地的基本方法：第一，通过创建高程点来生成场地模型；第二，通过导入等高线等三维模型数据生成场地；第三，通过导入测量点，Revit 对其导入的点数据进行计算生成场地。

使用创建高程点的方式，只需要在项目中放置指定点高程，即可完成对场地模型的创建，这种方法适合比较简单的场地模型。通过导入等高线或测量点的方式创建场地适合于根据已有 DWG 等高线文件或测量高程点文件创建现状地形。在本书中只讲第一种地形创建方法。

如图 12-1 所示，Revit 在"体量和场地"选项卡"场地建模"和"修改场地"面板中，提供了创建和修改场地的相关工具。

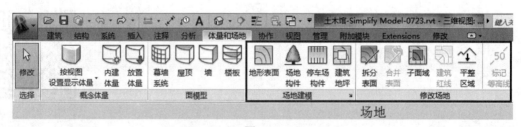

图 12-1

12.1.1　通过创建高程点完成三维场地模型

下面将使用放置点方式为项目模型创建简单三维地形模型。

1）接 12.2 节练习。或打开光盘"练习文件\第 12 章\12.2.rvt"项目文件。切换至"地面标高"视图。单击"体量和场地"选项卡"场地建模"面板中 "地形表面"工具，系统自动切换到"修改|编辑表面"上下文选项卡，进入场地创建状态。

2）如图 12-2 所示，单击"工具"面板中"放置点"工具；设置选项栏中"高程"值为-600，高程形式为"绝对高程"，即将要放置的点高程的绝对标高为-0.6m。

图 12-2

3）如图 12-3 所示，依次创建完成相应的高程点，当创建超过 3 个高程点时，Revit 将生成地形表面预览。

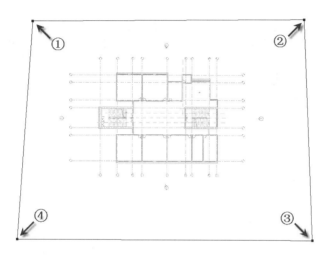

图 12-3

4）完成后单击"表面"面板中"完成编辑模式"按钮完成地形表面创建。切换至默认三维视图，最后完成效果如图 12-4 所示。

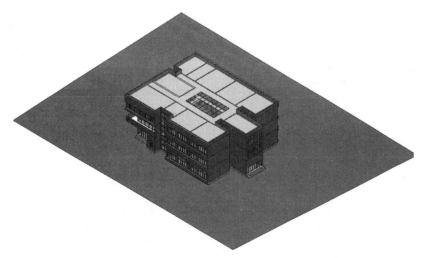

图 12-4

5）在默认三维视图中，选择场地图元。如图 12-5 所示，单击"属性"面板中"材质"后的浏览按钮，打开材质浏览器对话框。在对话框中搜索"草"，将"草"材质指定给场地图元。

图 12-5

【提示】创建地形表而后，还可以在属性面板中查看该地形表面的投影面积与表面积。

6）至此完成了使用创建点的方式创建场地的操作。保存该项目文件，或打开光盘"练习文件\第 12 章\12.1.rvt"项目文件查看最终操作结果。

12.2 创建子面域

在 Revit 中，可以利用"子面域"功能对已创建的地形表面进行划分。可以用于创建场地的道路等。

1）接上节练习。切换至地面标高楼层平面视图。单击"体量和场地"选项卡"修改场地"面板中"子面域"工具。自动切换至"修改|创建子面域边界"上下文选项卡。

2）确认当前绘制方式为"直线"，确认勾选选项栏"链"选项；如图 12-6 所示，绘制任意形式的封闭区域，注意封闭区域必须全部在地形表面范围之内。

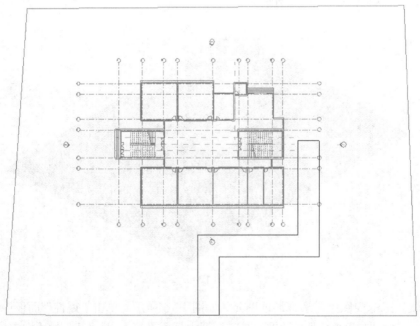

图 12-6

【提示】子面域范围必须在地形表面范围内。

3）修改"属性"面板中"材质"为"沥青"。完成后单击"完成编辑模式"按钮完成子面域编辑。切换至默认三维视图，添加子面域后模型状态如图 12-7 所示。

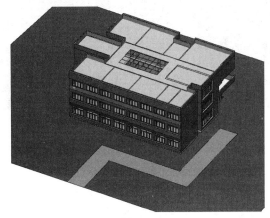

图 12-7

4）保存该项目文件。或打开光盘"练习文件\第 12 章\12.2.rvt"项目文件查看最终操作结果。

12.3　RPC 构件

为了获得逼真的渲染效果，在 Revit 模型中，我们需要向其模型中添加相应的人物、植物、汽车等室内或者室外的场景构件，这种构件就是我们通常所说的 RPC 族构件。在 Revit 中的 RPC 族构件，可以从多个角度显示真实人物和对象的特殊材质的族。本节将讲解如何放置和调整 RPC 构件。要放置 RPC 构件，需要首先将族载入至项目中。

1）接上节练习。切换至默认三维视图。配合键盘 Ctrl 键载入光盘"练习文件\第 13 章\rfa"目录下 RPC 灌木、RPC 男性和 RPC 女性族文件。

2）如图 12-8 所示，单击"体量和场地"选项卡"场地建模"面板中"场地构件"工具。进入"修改|场地构件"上下文选项卡。

图 12-8

3）在"属性"面板类型选择器中，设置当前族类型为"RPC 女性：Cynthia"，注意修改"属性"面板"标高"为"地面标高"。移动鼠标至场地任意位置单击放置 RPC 构件。

4）使用类似的方式根据需要在场地中放置其它 RPC 构件。修改视图视觉样式为"真实"，如图 12-9 所示，在"真实"视觉样式下，RPC 将显示为真实的贴图状态。

图 12-9

5）至此，完成了 RPC 构件的布置。保存该项目文件。或打开光盘"练习文件\第 12 章 \12.3.rvt"项目文件查看最终操作结果。

RPC 构件允许用户指定 RPC 材质，如图 12-10 所示，选择任意 RPC 构件，打开"类型属性"对话框，单击"渲染外观"后材质名称按钮，弹出"渲染外观库"对话框，在渲染外观库对话框中，选择指定的 RPC 材质即可。

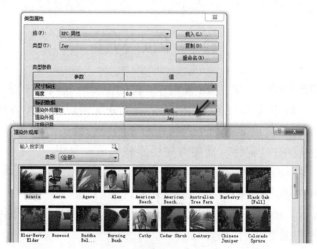

图 12-10

12.4   本章小结

本章介绍了如何使用地形表面工具创建地形表面模型。通过创建高程点的方式可以创建简单的建筑场地。Revit 支持 RPC 格式的全息模型族，使用 RPC 族，可以方便在场地中添加树木、人物等配景，起着丰富和装饰场景的作用。RPC 属于特殊的族，可以为其指定特殊的 RPC 类材质。至此已完成了教学楼模型的全部建模工作，下一章将利用模型进行展示。

第 13 章　建筑表现

本章提要：

➤ 掌握相关日光应用及其设置
➤ 完成模型漫游动画及相机视图的添加
➤ 使用视觉样式并能掌握相关设置

Revit 是基于 BIM 的三维设计工具。在 Revit 中不仅能输出相关的平面的文档和数据表格，完成模型后，可以利用 Revit 的表现功能，对 Revit 模型进行展示与表现。在 Revit 中可以在三维视图下输出基于真实模型的渲染图片。在做这些工作之前，需要在 Revit 中做一些前期的相关设置。本章主要介绍如何在 Revit 中进行日光设置并创建任意的相机及漫游视图。

13.1　日光及阴影设置

对于建筑而言，外部光环境对整个建筑室内外的环境影响具有重要的意义。在 Revit 中对建筑进行日光进行相应的分析，可以让建筑师准确的把握整个项目的光影环境情况，从而对项目做出最优的，最理性的判断。Revit 提供了模拟自然环境日照的阴影及日光设置功能，用于在视图中以真实的反应外部自然光和阴影对室内外空间和场地的影响。

在 Revit 中，可以对项目进行静态的阴影展示，也可以模拟在指定的时间范围内阴影的动态变化。由于项目所在的地理位置、项目朝向、日期与时刻均会影响阴影的状态，因此在 Revit 中进行日光分析必须先确定项目的地理位置和朝向。

在 Revit 中，要确定项目的位置和朝向，必须理解 Revit 中关于项目朝向的两个概念：正北和项目北。

1）项目北：指当我们打开 Revit 软件时，在楼层平面视图的顶部默认定义为项目北；反之视图的底部就是项目南。项目北与建筑物的实际地理方位没有关系，只是我们在绘图时候的一个视图方位而已。

2）正北：指项目的真实地理方位朝向。如果项目的方向正好是正南正北向，那么项目北方向和项目实际的方向就是一致的，即项目北和正北的方向相同；如果项目的地理方位不是正南正北方向，那么项目北的方向和项目本身的正方向就会有所不同，也就是说项目北和正北存在一个方位角。

在 Revit 中进行日光分析时，是以项目的真实地理位置数据作为基础的，因此通常情况下，我们需要在 Revit 中指定建筑物的地理方位，即指定项目的"正北"。如图 13-1 所示，在视图属性面板中，可以指定当前视图显示为"正北"方向还是"项目北"方向。通过该选项，可以在项目北与视图北的显示间进行切换。

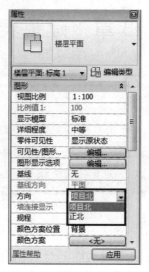

图 13-1

13.1.1 设置项目位置

Revit 提供了"地点"工具，用于设置项目的地理位置。接下来，继续以教学楼项目为例，说明如何在 Revit 中设置项目地点。

1）接 12.3 节练习，或打开光盘"练习文件\第 12 章\12.3.rvt"项目文件，切换至场地楼层平面视图。如图 13-2 所示，单击"管理"选项卡"项目位置"面板中"地点"工具，打开"位置、气候和场地"对话框。

图 13-2

2）在"位置、气候和场地"对话框中，切换至"位置"选项卡。如图 13-3 所示，在该选项卡中可以设置项目的具体地理位置。确定"定义位置依据"的方式为"Internet 映射服务"，在连接互联网的情况下，将在下方显示 Google 地图。在"项目地址"中输入"中国北京"，并单击"搜索"按钮，Revit 将在 Google 地图中搜索该地理位置，并在地图中显示项目位置的标记 。在地图中还可以通过拖动项目位置标记对项目位置进行精确的微调。

【提示】必须连接互联网才能启用"Internet 映射服务"选项。

3）完成后，单击"确定"按钮退出"位置、气候和场地"对话框。

接下来，将设置当前项目的"正北"方向。要设置项目正北，必须将视图中项目的显示方向设置为"正北"。

4）确认当前视图为"场地"楼层平面视图。确认不选择任何图元。属性面板中将显示当前楼层平面视图属性。如图 13-4 所示，修改"方向"为"正北"，单击"应用"按钮应用该设置。由于当前项目正北与项目北方向相同，因此视图显示并未发生变化。

图 13-3　　　　　　　　　　　　　　　　　图 13-4

5）如图 13-5 所示，单击"管理"选项卡"项目位置"面板中"位置"下拉列表，在列表中选择"旋转正北"选项，进入正北旋转状态。

图 13-5

6）如图 13-6 修改选项栏"从项目到正北方向的角度"值为 30°，参照方向为"东"，按键盘回车将按逆时针旋转当前项目。注意视图中所有模型显示方向均已发生旋转。完成后按 Esc 键退出旋转正北模式。

图 13-6

【提示】参照方向为"东"时将沿逆时针方向旋转指定角度，参照方向为"西"时将沿顺时针方向旋转指定角度。

7）修改视图"属性"面板中"方向"为"项目北"，单击"应用"按钮，当前视图将按项目北的方式显示，视图将恢复旋转前的状态。保存该项目文件，或打开光盘"练习文件\第13 章\13.1.1.rvt"项目文件查看最终操作结果。

> **【提示】**即使在"项目北"状态下仍然显示为上北下南的的方式，项目的实际朝向已经被修改。

旋转正北工具的用法与 Revit 图元旋转工具用法类似。可以通过拖拽旋转中心的方式指定旋转的中心位置。除可以通过选项栏输入旋转的角度外，还可以手动指定旋转角度。请读者自行尝试该设置。

旋转正北后，项目的正北朝向将改变。修改任意视图中的"方向"为"正北"，均将显示设置的正北方向。

在"位置、气候和场地"对话框中，除使用 Google 地图进行项目位置定位外，在"定义位置依据"中还提供了"默认城市列表"的方式。如图 13-7 所示，可以通过"城市"的列表选择当前项目的所在地点，或通过输入纬度及经度的方式确定当前的项目精确位置。

图 13-7

13.1.2　日光以及阴影的设置

完成项目地点及朝向设定后，可以在 Revit 中设置太阳的位置以及时刻，并开启项目阴影，用于显示在当前时刻下的项目阴影状态。在 Revit 中，可以为项目设置多个不同的太阳位置和时刻，用于表达不同时刻下的阴影状态。接下来，继续以教学楼项目为例，说明如何设置太阳的位置和时刻。

1）接上节练习。切换至默认三维视图。如图 13-8 所示，单击视图控制栏"日光设置"按钮，在弹出列表中选择"日光设置"选项，弹出"日光设置"对话框。

图 13-8

2）在"日光设置"对话框中，设置"日光研究"的方式为"静止"，修改"日期"为 2012年 12 月 23 日；设置时间为 12：00，勾选"地平面的标高"选项，设置地平面的标高为"地面标高"。

图 13-9

3）单击"保存设置"按钮，在弹出"名称"对话框中，输入当前日光设置名称为"北京冬至"，单击"确定"按钮将当前配置保存至预设列表中。再次单击"确定"按钮退出"日光设置"对话框。

4）如图 13-10 所示，单击视图控制栏"打开阴影"按钮，将在当前视图中显示当前太阳时刻教学楼项目产生的阴影。

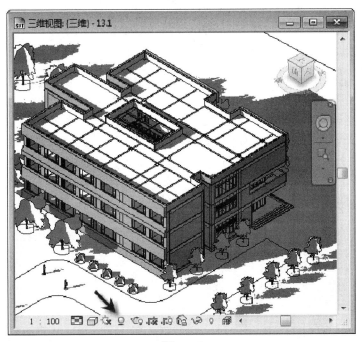

图 13-10

【提示】视图的视觉样式为线框模式时，将无法在视图中开启阴影。

5）如图 13-11 所示，单击视图控制栏"日光设置"按钮，在列表中选择"打开日光路径"选项，Revit 将在当前视图中显示指北针以及当天太阳的运行轨迹。

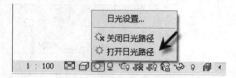

图 13-11

6）如图 13-12 所示，在显示日光路径状态下，可以通过拖动太阳图标动态修改太阳位置。还可以通过单击当前时刻值，将太阳位置修改至指定时刻。当太阳的位置修改时，视图中的阴影也将随之变化。

图 13-12

【提示】选择日光路径，可以在属性面板中修改日光路径及罗盘的大小。

7）单击"日光设置"按钮，在列表中选择"关闭日光路径"选项，关闭日光路径的显示。

8）打开"日光设置"对话框。如图 13-13 所示，设置"日光研究"的方式为"一天"，修改日期为 2012 年 12 月 23 日，勾选"日出到日落"选项，设置阴影显示的时间间隔为"一小时"，勾选"地平面的标高"选项，设置地平面的标高为"地面标高"。将当前设置保存名称为"北京冬至日光研究"单击"确定"按钮退出日光设置对话框。

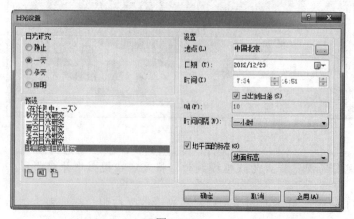

图 13-13

9）单击"日光设置"按钮，如图 13-14 所示，由于当前日光设置为一天的方式，将生成动态阴影。在列表中出现"日光研究预览"选项。单击该选项，进入日光阴影预览模式。

图 13-14

10）如图 13-15 所示，在选项栏中出现日光研究预览控制按钮。单击"播放"，Revit 将在当前视图中按第 8）步骤中设置的"一小时"间隔显示冬至日一天的阴影变化情况。

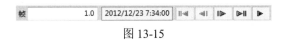

图 13-15

【提示】必须打开视图中阴影显示，才会出现"日光研究预览"选项。

11）至此完成了日光以及日光设置的相关操作。保存该项目文件，或打开"光盘练习文件\第 13 章\13.1.2.rvt"查看最终结果。

Revit 提供了 4 种日光设置方式。分别为静止、一天、多天和照明。多天和一天的设置方式类似，用于显示在指定的日期范围内太阳位图和阴影的变化。在 Revit 中，可以分别为不同的视图指定不同的日光设置，方便展示和对比项目在不同设置下的阴影的变化。

阴影可以显示在楼层平面、立面及三维视图中。打开阴影显示后，将会消耗大量的计算资源，建议用户在隐藏线或着色模式下开启阴影，降低对系统资源的消耗。为降低系统消耗，Revit 的 RPC 构件在真实模式下将不产生阴影。

13.2　创建相机与漫游

上一节中介绍了如何在设置项目的地点、朝向以及阳光位置。这些设置可以在任意视图中使用。在 Revit 中可以根据需要在模型的任意位置添加相机，生成特定的相机视图，还可以通过创建漫游路径，生成动态三维漫游视图。

13.2.1　创建相机视图

Revit 提供了相机工具，用于创建任意的静态相机视图。使本节将继续以综合楼项目为例，介绍如何在 Revit 中创建相机视图。

1）接上节练习。切换至 F1 楼层平面视图。如图 13-16 所示，单击"视图"选项"创建"面板中"三维视图"下拉列表，在列表中选择"相机"工具，进入相机创建模式。

2）如图 13-17 所示，确认勾选选项栏"透视图"选项，设置相机的偏移量值为 1750，自标高设置为 1F，即相机距离当前 1F 标高的位置为 1750。

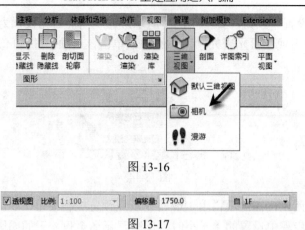

图 13-16

图 13-17

3）如图 13-18 所示，在 E 轴线与 3 轴线交点位置单击作为相机位置，向左上方移动鼠标至图中所示位置单击作为相机目标位置。Revit 将在该位置生成三维相机视图，并自动切换至该视图。

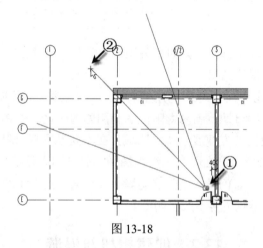

图 13-18

4）再次切换至 1F 楼层平面视图。如图 13-19 所示，切换至在项目浏览器中展开"三维视图"视图类别，上一步中创建的三维相机视图将显示在该列表中。在该视图名称上单击鼠标右键，在弹出列表中选择"显示相机"选项，将在当前 1F 楼层平面视图中再次显示相机。

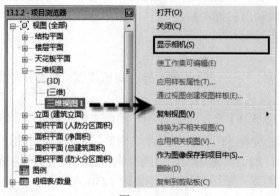

图 13-19

5）如图 13-20 所示，显示相机后可以在视图中拖拽相机位置、目标位置（视点）以及远裁剪框范围的位置。

6）确保相机在显示状态，此时"属性"面板中将显示该相机视图的属性。如图 13-21 所示，调整相机的"视点高度"和"目标高度"以满足相机视图的要求。在本操作中，不修改任何参数，按 Esc 键退出显示相机状态。

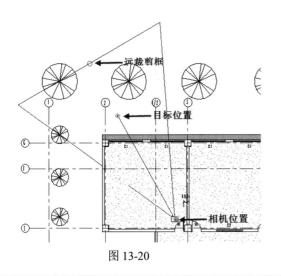

图 13-20

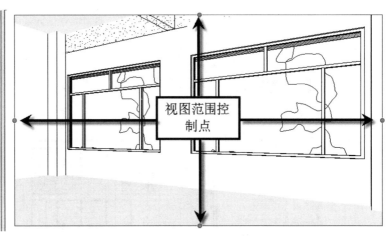

图 13-21

【提示】远裁剪框是控制相机视图深度控制柄，离目标位置越远，场景中的对象就越多；反之，就越少。

7）切换至第 3）步中创建的三维视图 1 视图。如图 13-22 所示，移动鼠标至视图边缘位置单击选中视图边框，拖拽视图边界控制点调整其大小范围，以满足的视图表达要求。

图 13-22

【提示】在三维视图属性面板中，可以设置"相机高度"和"目标高度"以及"远裁剪偏移"等参数。

8）至此我们完成了生成三维视图的操作。保存并关闭项目模型，或打开光盘"练习文件\第 13 章\13.2.rvt"项目文件查看最终操作结果。

在 Revit 中，可以根据需要创建任意角度的三维视图，以满足表达和展示的要求。

13.2.2 添加漫游动画

在 Revit 中不仅可以使用相机添加单帧图片，还可以在项目模型添加动态漫游动画。接下来，将主要介绍在 Revit 中创建漫游动画的一般过程。

1）接上节练习。切换到 1F 楼层平面视图。如图 13-23 所示，单击"视图"选项卡"创建"面板"三维视图"命令下拉列表，在列表中选择"漫游"工具，进入漫游路径绘制状态，自动切换至"修改|漫游"上下文选项卡。

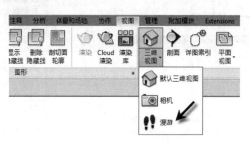

图 13-23

2）确认选项栏中勾选"透视图"选项，设置相机偏移量为 1750，并设置标高"自"1F标高。

3）如图 13-24 所示，依次沿室教学楼室外场地位置单击，绘制形成环绕教学楼的漫游路径，完成后单击"完成漫游"平面视图中多次单击绘制其漫游路径，单击"完成漫游"工具完成漫游路径。

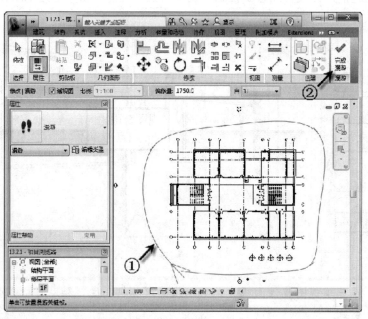

图 13-24

4）确保上一步中绘制的漫游路径处于选择状态。单击"漫游"面板中"编辑漫游"工具，切换到漫游编辑界面。

> 【提示】显示相机类似，可以在项目浏览器中右键单击漫游视图，在弹出右键菜单中选择"显示相机"选项在视图中显示漫游路径。

5）不勾选"属性"面板中"远裁剪激活"选项，不激活该漫游相机的远裁剪激活选项。

6）如图 13-25 所示，确认选项栏"控制"的方式为"活动相机"，配合"漫游"面板中上一关键帧、下一关键帧工具，将相机移动到各关键帧位置，使用鼠标拖动相机的目标位置，使每一关键帧位置处相机均朝向教学楼方向。

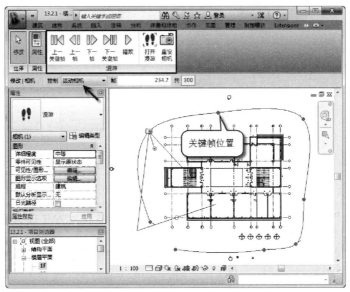

图 13-25

> 【提示】切换到相应立面图，通过编辑漫游，可以自由修改每一个关键帧处的相机高度和目标位置高度。

7）如图 13-26 所示，点击选项栏中的"控制"下拉列表，在列表中选择"添加关键帧"选项。在漫游路径上添加相应的关键帧，实现对漫游相机的平滑修改。完成后按 Esc 键退出漫游编辑模式。

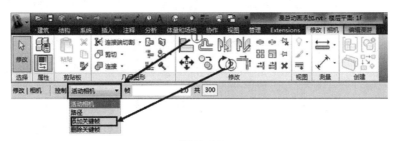

图 13-26

8）切换至漫游视图。单击漫游视图边框选择漫游，单击"编辑漫游"工具进入漫游编辑模式。修改选项栏"帧"值为1，单击"编辑漫游"选项卡"漫游"面板中"播放"工具，然后点击"播放"按钮，进入插入模式。可以预览漫游的效果。

9）完成动画关键帧设置之后，最后就是导出动画了。点击左上角应用程序菜单按钮，选择"导出"→"图像和动画"，在列表中选择"漫游"，弹出如图 13-27 所示"长度/格式"对话框。设置动画输出长度为"全部帧"，设置导出"视觉样式"的方式为"真实"，输入动画导出的尺寸标值为"800"和"600"，即导出动画的分辨率为800×600。完成后单击"确定"，在弹出的"导出漫游"对话框中浏览动画保存的位置，再次单击"确定"按钮。

图 13-27

【提示】在保存动画文件时，可以设置动画的保存格式为 AVI 或 JPEG 序列图片。

10）Revit 继续弹出"视频压缩"对话框。如图 13-28 所示，在"视频压缩"对话框中选择合适的视频压缩格式。在本例中选择"Microsoft Video 1"视频压缩器，单击"确定"按钮，即可导出漫游动画。

图 13-28

11）保存该项目文件，或打开光盘"练习文件\第 13 章\13.3.2.rvt"项目文件查看最终操作结果。

漫游是由一系列的连续生成的画面构成。在漫游中每一幅画面称之为一帧。创建漫游路径时鼠标单击的位置确定的画面称之为关键帧。各关键帧之间，Revit 会自动根据路径间的距离生成帧。

选择漫游路径后，如图 13-29 所示，单击"属性"面板"漫游帧"按钮，将弹出"漫游帧"对话框。在该对话框中可以设置该路径的总帧数。设置"帧/秒"（帧速率），可以设置导出该漫游动画时的总时长。

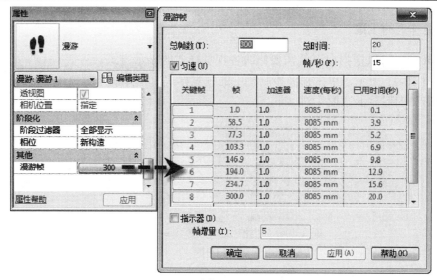

图 13-29

13.3　使用视觉样

在 Revit 中系统提供了线框、隐藏线、着色、一致的颜色、真实以及光线追踪共 6 种视觉样式。在这 6 种视觉样式中，从"线框"样式到"光线追踪"样式视图显示效果越来越好，但是对电脑硬件要求会越来越高，占用系统资源也是逐级递增。因此，在实际工作中根据自己需要来选择合适的视觉样式。在模型创建阶段，少用或者不用真实以及光线追踪样式。如果在模型完成阶段想要做一个快速单帧表现，这时可以用光线追踪模型，并能保存相应的视图，并能输出结果。当然，光线追踪的效果不能跟正式渲染的效果比，因为渲染效果的好与坏是跟渲染前环境的设置相关，而光线追踪是按照系统默认的方式进行快速渲染。光线追踪的最终效果，跟电脑的硬件水平有很大关系。

13.3.1　视觉样式的切换

在 Revit 中可以在不同的视觉样式中进行切换，以满足不同的表达需求。如图 13-30 所示，在任意视图中，单击视图控制栏中的视觉样式按钮，弹出视觉样式列表。分别切换至不同的视觉样式，当前的视图将以所选择的视觉样式进行显示。注意，修改视觉样式仅会影响当前视图，不会影响其它视图。

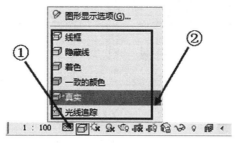

图 13-30

13.3.2 视觉样式的设置

在 Revit 中，可以根据自己的需要修改各视觉样式的显示方式。

1）如图 13-31 所示，单击视图控制栏中的视觉样式，在弹出下拉菜单中选择"图形显示选项"。弹出"图形显示选项"对话框。

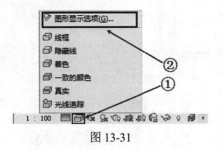

图 13-31

2）如图 13-32 所示，在"图形显示选项"对话框，在"样式"列表中，选择当前视图的视觉样式名称，并分别对视图中的阴影、模型轮廓替代样式、日光设置、背景等选项分别进行设置。完成后单击"确定"按钮即可完成对视觉样式的修改。

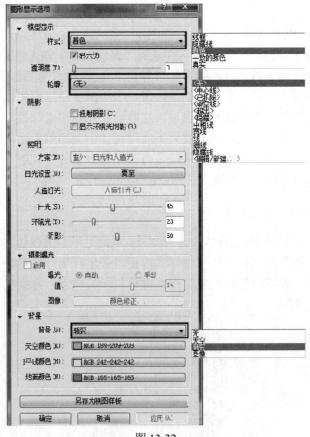

图 13-32

注意，视觉样式的修改仅影响当前视图，不会影响其它视图。

13.4　本章小结

本章主要介绍了，在 Revit 项目场景中如何创建任意三维视图以及漫游动画。通过创建相机视图，来表达某个特定的视角。同时还可以使用创建漫游的方式，在项目场景创建一段完整的建筑漫游动画。最后介绍了如何去利用视图样式，并对其设置做相应的调整。下一章将介绍如何利用已创建完成的三维视图进行渲染输出。

第 14 章　渲染与输出

本章提要:

➢ 理解 Revit 中的渲染工作流程
➢ 掌握 Revit 场景中室内外场景渲染不同设置
➢ 将 Revit 场景输出到其他专业渲染软件中去渲染
➢ 将渲染成果完整导出为图片或其他可识别结果

Revit 中内置了 Mental Ray 渲染器,可以对已完成的模型和视图进行更真实的渲染表现。完成的 Revit 模型还可以导出至 3ds Max 及其它的展示工具中。

14.1　室外日光的渲染

在实际项目中,往往需要为项目创建更为逼真的三维可视化图片。在 Revit 中,由于模型是按照真实的尺寸所创建,因此创建的三维可视化图片跟真实的项目之间,几乎没有区别。可以为 Revit 的模型指定材质,使模型表达更为精确的三维信息,通过使用 Revit 自带的 Mental Ray 渲染器,渲染表达极为逼真的展示效果。下面,以教学楼项目为例,介绍如何在 Revit 中进行渲染。要进行渲染,必须首先创建要渲染的三维相机视图。

1)接上 13.3.2 节练习,或打开光盘"练习文件\第 13 章\13.3.2.rvt"项目文件。切换到"1F"楼层平面视图,使用相机工具,确认勾选选项栏"透视图"选项,设置相机距离 1F 标高的高度为 1800,按如图 14-1 所示位置创建相机。Revit 自动切换到相应的相机视图。

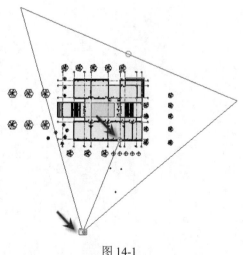

图 14-1

2）如图 14-2 所示，将鼠标靠近相机视图边界位置，单击视图框并拖动视图框控制点，调整相应的宽度和高度，直到显示为图中所示状态。

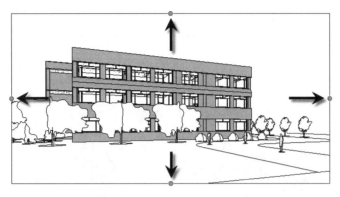

图 14-2

3）完成视图范围调节后，点击"视图"选项卡"图形"面板中"渲染"工具，弹出"渲染"对话框，该对话框中各功能如图 14-3 所示。

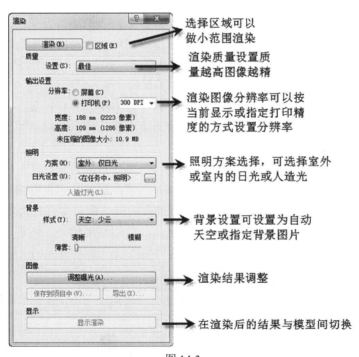

图 14-3

4）修改渲染"质量"为"最佳"，修改"输出设置"分辨率的定义方式为"选择打印机"，修改打印精度为 300DPI；"照明方案"中选择"室外：仅日光"的方式，即只使用太阳光作为光源进行渲染；单击"日光设置"后浏览按钮，弹出"日光研究"对话框，在对话框中选择日光的方式为"静止"，在"预设"列表中选择"北京冬至"。设置"背景"样式为"天空少云"。

5）完成后，然后单击"渲染"按钮，将进入渲染计算模式。Revit 将利用全部 CPU 资源进行渲染计算。Revit 将弹出"渲染进度"对话框，如图 14-4 所示。

图 14-4

6）待渲染完成后，Revit 将在当前窗口中显示渲染结果，如图 14-5 所示。

图 14-5

7）该渲染结果可以保存为独立的渲染图像文件。单击"渲染"对话框中"导出"按钮，将渲染结果保存在 Revit 项目中。Revit 将在项目浏览器中创建新的"渲染"视图类别。至此完成 Revit 的室外日光渲染操作，保存该项目。也可以打开光盘"练习文件\第 14 章\14.1.rvt 查看渲染结果。

在渲染时，Revit 所使用的 Mental Ray 渲染器支持多核心并行计算，因此渲染的速度与 CPU 的数量、频率有关，同时也与渲染设置中的渲染质量、输出分辨率的大小有着。质量越高、分辨率越大，则渲染所需要的时间也越长。

Revit 默认提供了绘图、低、中、高与最佳几种渲染质量的设定。还可以通过质量设置列表中的"编辑"选项，自定义渲染质量。如图 14-6 所示，可以分别设置渲染时贴图的反失真（抗锯齿）精度、透明度等选项。左右拉动各设置选项的滑块即可实现对选项的调整。在 Revit 中，滑块越靠右（选项数值越大），则渲染质量越高，渲染效果越好，所需要的时间越长，反之则渲染效果越差。

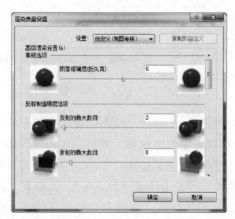

图 14-6

14.2　室外夜景渲染

在实际项目，项目夜晚外景的表现也是必不可少的。Revit 的室外夜景渲染跟室外日光渲染的原理都差不多，只是在选择照明方案不同。本节主要介绍场景的夜景如何在 Revit 中来做表现。

14.2.1　在场景中放置灯光

要实现夜景渲染，必须在项目中先添加灯光族。

1）接上一节内容。切换至地面标高楼层平面视图。由于之前并没有在项目模型中放置室外光源，这时候我们需要对项目模型放置室外光源。

2）选择"插入"选项卡"从库中载入"面板中"载入族"命令，浏览至光盘"练习文件\第 14 章\RFA\"目录下，载入街灯 1.rfa 族文件。

3）使用"构件"工具，按图 14-7 所示位置，沿道路两侧放置路灯图元。可以根据需要在路灯类型属性对话框中，修改路灯的亮度等参数。

图 14-7

【提示】在放置灯光时，可以在选项栏中设置灯光的编组，以方便对灯光进行整体控制。

接下来，将创建新的三维相机视图，用于表达模型。

4）切换到"1F"楼层平面视图，使用相机工具，在道路位置创建相机视图。自动切换到相机视图，调整视图边框，调整相机视图的显示范围。

5）如图 14-8 所示，单击视图控制栏中"显示渲染对话框"工具，打开渲染对话框。

透视图

图 14-8

6）如图 14-9 所示，设置渲染"质量"为"高"，选择分辨率为"打印"方式，设置分辨率值为 75DPI；注意选择照明方案为"室外：仅人造光"。

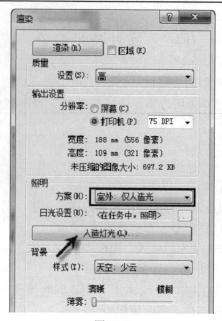

图 14-9

7）单击"人造灯光"按钮，打开"人造灯光"对话框。如图 14-10 所示，在该对话框中，可以指定项目中已放置灯光图元是否在渲染时产生光线。并设置该光源在渲染时按该灯光族中定义的亮度参数的发光产生实际的发光暗显亮度。完成后单击"确定"按钮，退出"人造灯光"对话框。

图 14-10

> 【提示】为方便管理，可以在人造灯光对话框中，对灯光进行编组，以方便管理。

8）完成设置后，单击"渲染"按钮，系统即开始进行渲染过程。完成后效果如图 14-11 所示。

图 14-11

9）渲染完成后，单击"调整曝光"按钮，打开"曝光控制"对话框。如图 14-12 所示，在该对话框中，可以对渲染的图片进行亮度、曝光值等进行进一步的调节，以改善画面的表现。直接输入需要的值或利用鼠标左右拖动滑块即可实现对画面的调节。

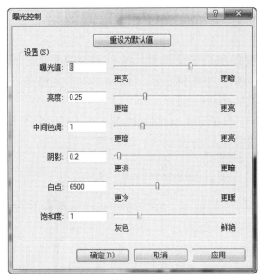

图 14-12

10）"保存到项目中"按钮弹出对"保存到项目中"的对话框，输入图片命名为"夜景渲染"，单击确定即可将其保存在项目中，保存位置在项目浏览器"渲染"视图类别中。保存后双击"夜景渲染"即可查看渲染图片。

11）至此完成室外灯光渲染操作。保存该项目，或打开光盘"练习文件\第 14 章\14.2.rvt"查看室外灯光的渲染效果。

使用人造光进行渲染时，启用的人造光源数量越多，则渲染的时间将越长。因此，在渲染时请注意控制人造光源的实际启用数量。可以利用灯光编组的方式，对组中的灯光进行启用与关闭。

Revit 的灯光族类型属性中，可以对灯光的初始亮度、颜色过滤器等进行设置，如图 14-13 所示。

参数	值
材质和装饰	
遮光帘材质	玻璃 - 磨砂
支架材质	金属 - 油漆面层 - 深灰色，粗面
电气	
灯	T-4
瓦特备注	400
电气 - 负荷	
视在负荷	
尺寸标注	
标识数据	
光域	
光源定义(族)	点+球形
光损失系数	1
初始亮度	800.00 W @ 20.00 lm/W
初始颜色	3200 K
暗显光线色温偏移	<无>
颜色过滤器	白色

图 14-13

14.3　室内日光的渲染

　　室内夜景渲染跟室外夜景渲染非常相似，唯一不同的就是在创建三维视图和选择照明方案的时候略有不同。本节主要介绍如何在模型选择室内日光渲染的操作方法。首先，需要创建用于表现室内场景的三维的相机视图。

　　1）接上节练习。切换至"1F"楼层平面图。使用"相机"工具，如图 14-14 所示位置创建相机和相机的目标，创建完成后切换至该三维视图。

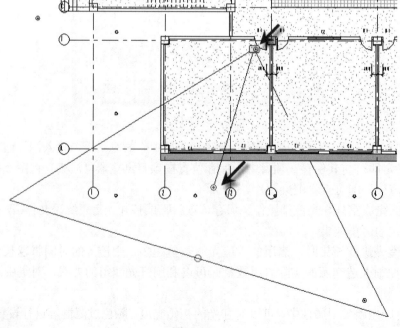

图 14-14

2）调节相机视图范围框，使得相机视图如图 14-15 所示。

图 14-15

3）打开"渲染"对话框。按如图 14-16 所示，设置渲染输出分辨率为"打印"150DPI；
选择照明方案为"室内仅日光"，日光设置为"夏至"。在渲染质量下拉列表中，选择"编辑"，
打开渲染质量设置对话框。

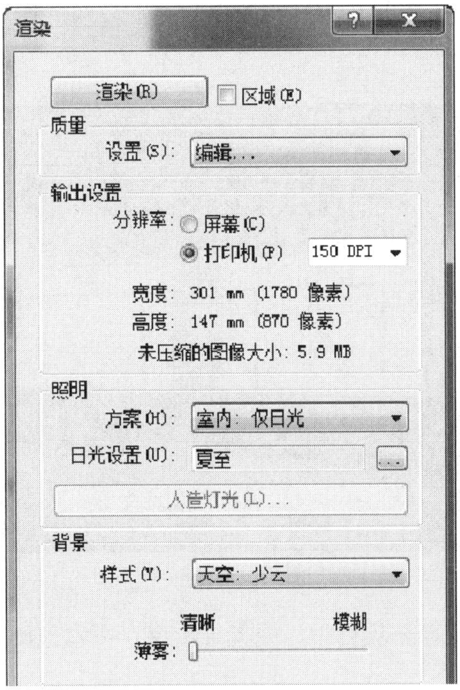

图 14-16

4）在"渲染质量设置"对话框中，如图 14-17 所示，在"设置"列表中选择渲染的质量
为"高"，单击"复制到自定义"按钮，将进入"自定义（视图专用）"渲染设置模式。在该
模式下，已继承了"高"渲染质量的默认设置。滚动至底部"采光口选项"，勾选"窗"作为
室内采光口，完成后单击"确定"按钮退出"渲染质量设置"对话框。

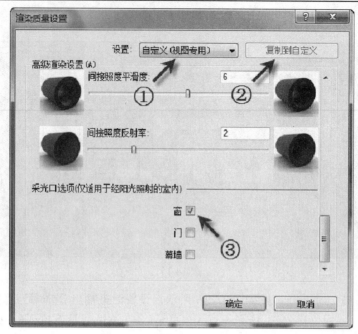

图 14-17

5）单击"渲染"按钮，Revit 即开始对所创建的三维视图进行渲染。完成后效果如图 14-18 所示。

图 14-18

6）将渲染完成的图片保存在项目中，或者导出保存在本地硬盘上。具体方法参见上一节相关操作，在此不再赘述。

7）至此完成室内日光的渲染操作，保存该项目，或打开光盘目录下"练习文件\第 14 章 \14.3.rvt"查看室内日光的渲染结果。

在 Revit 中进行室内渲染时，开启采光口可改善通过窗、门（包含门窗或玻璃）和幕墙照射的光线质量。同样，采光口数量或各类越多，渲染消耗的时间越长。采光口仅针对室内场景的渲染时有效。在多数情况下，请关闭采光口选项，以节约渲染计算时间。

14.4　室内灯光渲染

除使用日光进行室内渲染外，还可以为室内添加灯光，实现室内的灯光渲染。在一般的民用建筑设计中，通常情况下会有室内场景的渲染，给建筑师提供一个非常好的可视化依据。在 Revit 中室内场景可视化也是非常重要的一种表达手段。本节主要介绍如何在 Revit 项目模型中如何完成室内灯光的渲染以及成果的保存和输出。

1）打开光盘"练习文件\第 14 章\14.4.rvt"项目文件，切换至"2F"楼层平面图，在房间名为"办公室"的房间中，已创在天花板位置创建了灯光族。

2）切换至"室内灯光"三维视图，该视图如图 14-19 所示。

图 14-19

3）打开"渲染"对话框，按图 14-20 所示，设置渲染质量为"中"，输出设置设置为"打印机"150DPI；设置照明方案设置为"室内：仅人造光"。

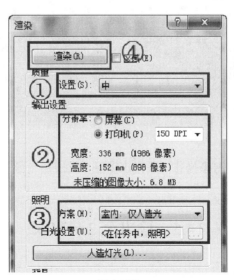

图 14-20

4）单击"人造灯光"按钮，打开"人造灯光"对话框，如图 14-21 所示，仅勾选所有"吸顶灯"灯光图元，即仅"吸顶灯"图元在本次渲染中发挥光源照明作用。完成后单击"确定"按钮，返回渲染对话框。

图 14-21

5）单击"渲染"按钮，Revit 即开始渲染此三维视图。完成后如图 14-22 所示。保存该渲染视图。

图 14-22

6）至此完成室内灯光的渲染操作，保存该项目，或打开光盘"练习文件\第 14 章\14.4.rvt"查看室内灯光的渲染效果。

14.5　输出至 3ds Max

Revit 创建完成模型后，除可以在 Revit 中利用其自身的渲染器进行渲染外，还可以将它导出至 3ds Max 或 3ds Max Design 中，进行高级的动画或渲染设置。本节主要介绍如何将

Revit 中的模型发送至 3ds Max，以及它们当中进行数据交换所要注意的问题。

14.5.1　使用 Suite 工作流

如果你的软件是 Autodesk Building Design Suite 的话，在 Revit 还有一个非常方便的一键式工作流功能。它可以把 Revit 中的模型直接发送至 3ds Max 或 Showcase 中，直接进行下一步的渲染工作或者说动画制作流程中。

1）接上一节练习。切换至默认三维视图。如图 14-23 所示，点击应用程序菜单按钮，单击"Suite 工作流"→"3ds Max Design 室外渲染"选项。

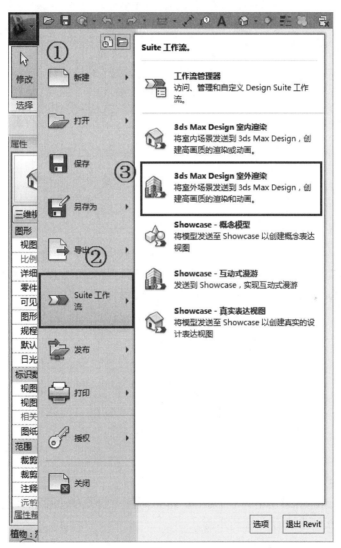

图 14-23

2）弹出"3ds Max Design 室外渲染"对话框。如图 14-24 所示，单击"设置"选项，在弹出"工作流设置编辑器"对话框中，设置"合并实体"为"不要合并"，其它参数默认，单击"运行"按钮。

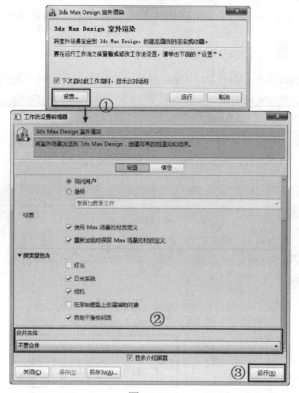

图 14-24

3）弹出如图 14-25 所示对话框。选择"新 3ds Max 场景"，并将"在此设计现有的链接"设置成"将被更新"，单击"继续"按钮，Revit 模型即可导入至 3ds Max Design 中。后面的操作就是在 3ds Max Design 中具体进行渲染或动画修改操作了。

图 14-25

Suite 工作流为 Autodesk Building Design Suite 版本中提供的完整套件功能。它可以大大简化数据在多个不同软件中进行交换的步骤。

14.5.2　通过其他格式输送模型数据

除使用 suite 工作流外，另外还有一个方法可以将 Revit 模型输送至 3ds Max Design 中。在 Revit 中可以将项目导出成.FBX 数据格式。FBX 这种数据格式是 Autodesk 公司用于电影工业领域的通用的模型数据交换格式。当然还可以通过其他的数据格式，比如 DWG 格式，将

Revit 的模型导入 3ds Max 或 3ds Max Design 软件中。下面以 FBX 格式数据为例，说明如何将 Revit 数据导出的一般方法。

1）如图 14-26 所示，点击应用程序菜单按钮，在列表中选择"导出"→"FBX"选项。

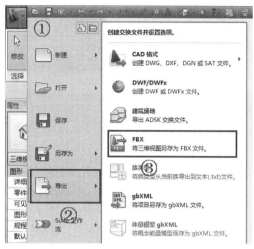

图 14-26

2）在弹出"导出 3ds Max（FBX）"对话框中，指定将要导出的 FBX 文件存储目录，单击"保存"，即可将 Revit 模型保存为 FBX 格式的文件。

3）启动 3ds Max Design 2013 软件。如图 14-27 所示，点击应用程序菜单按钮，在列表中选择"Import"（导入）→"Import"选项。

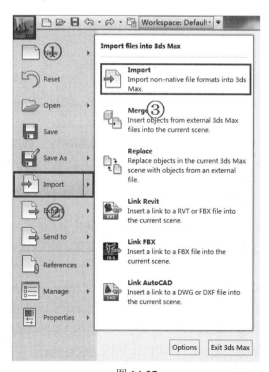

图 14-27

4）弹出"Select File to Import（选择导入文件）"对话框，如图 14-28 所示。设置底部"Files of type（文件类型）"为"Autodesk(*.FBX)"格式，浏览至要导入的 FBX 文件，点击"Open"即可载入场景文件。

图 14-28

为达到与 3ds Max 的数据的更好兼容，建议选择与所使用的 Revit 版本相同的 3ds Max 或 3ds Max Design 软件。为了能保障在 Revit 中进行模型修改时可以使 3ds Max Design 2013 中的导入模型进行更新，有个非常好的办法就是在 3ds Max design 中使用 Link Revit 和 Link FBX 功能将文件链接至 Max 中。通过链接的方式导入 Max 中的模型，当 Revit 文件或者 FBX 文件有更新的时候，在 Max 中的场景模型也会发生相应的变化，从而保持数据的一致性。

14.6   输出至 Showcase

Showcase 是一个即时渲染表现软件。他有别于我们常用的 3ds Max，在某些情况下，它比 3ds Max 更方便、快捷。本节主要介绍如何将 Revit 模型数据快速输送至 Showcase 中。

14.6.1   使用 Suite 工作流

如果你是购买的 Autodesk Building Design Suite 软件套包的高级版或者旗舰版，在 Revit 里面都会自动添加一键式工作流，通过这种工作流的模式，可以快速的将 Revit 的模型输送至 Showcase 中。

1）点击应用程序菜单按钮，在弹出的菜单中选择"Suite 工作流"。在 Suite 工作流中，提供了三种导入 Showcase 的模式：分别为概念模型、互动漫游以及真实表达视图。在完成模型细节后，最常用的模式为"Showcase-互动式漫游"，如图 14-29 所示。

2）弹出"Showcase 互动式漫游"对话框。如图 14-30 所示，与导入 3ds Max design 对话框类似，在对话框中选择"设置"按钮，将打开"工作流设置编辑器"对话框。

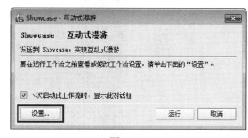

图 14-29　　　　　　　　　　　　　　　　　　图 14-30

3）如图 14-31 所示，在该对话框中，可以设置模型在 Showcase 中最基本的表现样式。在本操作中，设置"使用大型环境"为"草地（建筑大小-真实）"；设置"环境地面标高"为"在模型底部"。设置完成之后，单击"运行"按钮，进入下一步设置。

4）如图 14-32 所示，在弹出的对话框中选择"新 Showcase 场景"，点击"继续"按钮之后，Revit 即开始向 Showcase 传输模型数据。

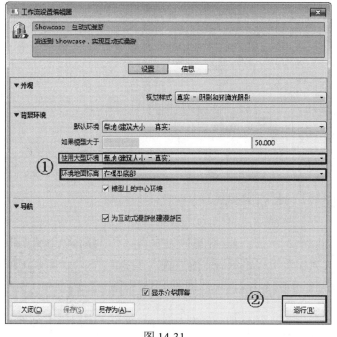

图 14-31　　　　　　　　　　　　　　　　　　图 14-32

14.6.2　通过其他数据格式导入 Showcase

在 Showcase 中也可以通过 FBX 文件格式来实现数据模型的相互交互。在前面章节我们已经导出过一个 FBX 文件，仍将以这个 FBX 文件为例，介绍如何将 FBX 格式导入至 Showcase 中。

1）打开 Showcase 2013。如图 14-33 所示，点击界面上面的黑色小三角图标，将在 Showcase 中显示 Showcase 菜单栏。

图 14-33

2）选择"文件"→"导入"→"导入文件"在弹出的对话框选择导入文件类型"FBX"，即可将 FBX 格式的数据导入到 Showcase 中，如图 14-34。

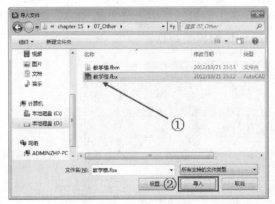

图 14-34

14.7　本章小结

本章介绍了如何对 Revit 项目模型进行渲染表现。Revit 可以对室内室外进行夜景表现和日光表现。通过一键式工作流可以将 Revit 模型输入至 3ds Max Design 或者 Showcase 中进行更高阶的渲染操作。也可以通到 FBX 中间数据格式来导入 3ds Max Design 或者 Showcase 中。

附录 A　安装 Revit

如果已经购买了 Revit，则可以直接通过软件光盘直接安装 Revit。如果还未购买该软件，可以从 Autodesk 官方网站（http://www.autodesk.com.cn）下载 Revit 30 天全功能试用版安装程序。Revit 可以直接安装在 32 位或 64 位版本的 Windows 操作系统上。

在安装 Revit 前，请确认操作系统满足以下要求：保证 C 盘有 5G 以上的剩余空间，内存不小于 3G。操作系统为 Windows XP SP2 或 SP3、Windows Vista 以及 Windows 7 Home Premium 或更高级版本。笔者建议有条件的用户使用 64 位操作系统，8G 以上的内存，双显示器或 1280 x 1024 或更高分辨率的显示器，以便更高效的处理大型设计项目文件。在安装前，请关闭杀毒工具、防火墙等系统保护类工具，以保障安装顺利进行。在安装过程中，可能要求连接 Internet 下载族库、渲染材质库等内容，请保障网络连接畅通。

Revit 的安装以 Revit Architecture 2012 为例，请按以下步骤进行。

1）打开安装光盘或下载解压后的目录。如图 A-1 所示，双击 Setup.exe 启动 Revit Architecture 安装程序。

图 A-1

2）片刻后出现如图 A-2 所示"安装初始化"界面。安装程序正在准备安装向导和内容。

图 A-2

3）准备完成后，出现 Revit Architecture 2012 安装向导界面。如图 A-3 所示，单击"安装"
按钮可以开始 Revit Architecture 2012 的安装。如果需要安装 Revit Server 或 Revit 二次开发工
具包，请单击"安装工具和实用程序"按钮，进入工具和实用程序选单。

图 A-3

4）单击"安装"按钮后，弹出软件许可协议页面。如图 A-4 所示，Revit Architecture 会
自动根据 Windows 系统的区域设置，显示当前国家语言的许可协议。选择底部"我接受"选
项，接受该许可协议。单击"下一步"按钮。

图 A-4

5）如图 A-5 所示，给出产品信息页面。选择 Revit Architecture 的授权方式为"单机"，如
果购买了 Revit Architecture 产品，请输入包装盒上的序列号和产品密钥，如果没有序列号，请

选择"我想要试用该产品 30 天"选项，安装 Revit Architecture 2012 的 30 天全功能试用版。单击"下一步"按钮继续。

图 A-5

6）如图 A-6 所示，进入"配置安装"页面。Revit Architecture 产品安装包中包括 Revit Architecture 2012 和 Design Review 2012 两个产品，以及包含共享的渲染材质库。根据需要勾选要安装的产品。除非硬盘空间有限，否则笔者建议安装全部产品内容。Revit Architecture 默认将安装在 C:\Program Files\Autodesk\目录下，如果需要修改安装路径，请单击底部"浏览"按钮重新指定安装路径。

图 A-6

【提示】Autodesk Design Review 是 Autodesk 公司开发的用于浏览和查看 DWF 以及 DWFx 图纸文件的查看器。Autodesk 所有产品均支持输出为 DWF 格式。DWF 格式是只读而无法修改的安全图档格式，适合于图纸发布使用。

7）如果要配置各产品的详细信息，可以单击各产品名称下方的展开按钮查看产品的详细信息。如图 A-7 所示。Revit Architecture 是面向全球的产品，包含了世界各主要国家的内容库，注意选择内容包为"China"，不选择其它国家的内容包，以节约硬盘空间。配置完成后，再次单击关闭并返回到产品列表按钮，单击底部"安装"按钮，开始安装。

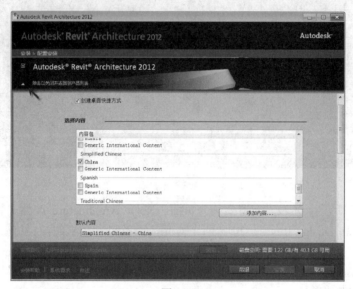

图 A-7

8）Revit Architecture 将显示安装进度，如图 A-8 所示。右上角进度条为当前正在安装项目的进度，下方进度条显示整体安装进度状态。

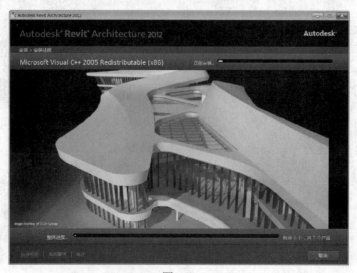

图 A-8

9）等待，直到进度条完成。完成后 Revit Architecture 将显示"安装完成"页面，如图 A-9 所示。单击"完成"按钮完成安装。

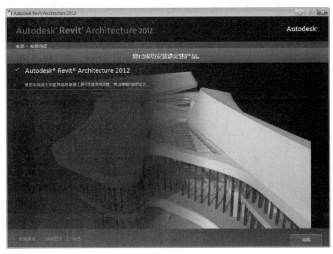

图 A-9

【提示】如果安装过程中出现错误，Revit Architecture 将自动停止安装，并跳出至本页面。注意在该页面中可以打开"安装日志"，查看安装出错的原因。一般在 Windows XP 等较老的操作系统中，容易出现.net 安装错误，请单独通过安装光盘"3rdpart"目录中，找到安装出错的项目手动安装即可。

10）启动 Revit Architecture 2012，出现 Autodesk 许可协议对话框。如图 A-10 所示，单击"试用"按钮进入试用状态，在 30 天内，可以随时点击"激活"按钮激活 Revit Architecture。

图 A-10

　　试用期满后，必须注册 Revit Architecture 才能继续正常使用，否则 Revit Architecture 将无法再启动。注意安装 Revit Architecture 后，授权信息会记录在硬盘指定扇区位置，即使重新安装 Revit Architecture 也无法再次获得 30 天的试用期。甚至格式化硬盘后，重新安装系统，也无法再次获得 30 天的试用期。

　　安装完成 Revit 后，可以继续安装 Revit Extensions 等扩展工具，注意该工具并未随 Revit 安装包一同提供，必须通过 Autodesk Subscription 网站下载后再安装。

附录 B 常用命令快捷键

B.1 常用快捷键

除通过 Ribbon 访问 Revit 工具和命令外，还可以通过键盘输入快捷键直接访问至指定工具。在任何时候，输入快捷键字母即可执行该工具。例如要绘制墙，可以直接按键盘"WA"键即可使用该工具。只要不是双手使用鼠标，使用键盘快捷键将加快操作速度。

表 B-1 建模与绘图工具常用快捷键

命令	快捷键
墙	WA
门	DR
窗	WN
放置构件	CM
房间	RM
房间标记	RT
轴线	GR
文字	TX
对齐标注	DI
标高	LL
高程点标注	EL
绘制参照平面	RP
按类别标记	TG
模型线	LI
详图线	DL

表 B-2 编辑修改工具常用快捷键

命令	快捷键
图元属性	PP 或 Ctrl+1
删除	DE
移动	MV
复制	CO
旋转	RO
定义旋转中心	R3 或空格键

命令	快捷键
阵列	AR
镜像-拾取轴	MM
创建组	GP
锁定位置	PP
解锁位置	UP
匹配对象类型	MA
线处理	LW
填色	PT
拆分区域	SF
对齐	AL
拆分图元	SL
修剪/延伸	TR
偏移	OF
在整个项目中选择全部实例	SA
重复上上个命令	RC 或 Enter
恢复上一次选择集	Ctrl+←（左方向键）

表 B-3　捕捉替代常用快捷键

命令	快捷键
捕捉远距离对象	SR
象限点	SQ
垂足	SP
最近点	SN
中点	SM
交点	SI
端点	SE
中心	SC
捕捉到云点	PC
点	SX
工作平面网格	SW
切点	ST
关闭替换	SS
形状闭合	SZ
关闭捕捉	SO

表 B-4 视图控制常用快捷键

视图控制	快捷键
区域放大	ZR
缩放配置	ZF
上一次缩放	ZP
动态视图	F8 或 Shift+W
线框显示模式	WF
隐藏线显示模式	HL
带边框着色显示模式	SD
细线显示模式	TL
视图图元属性	VP
可见性图形	VV/VG
临时隐藏图元	HH
临时隔离图元	HI
临时隐藏类别	HC
临时隔离类别	IC
重设临时隐藏	HR
隐藏图元	EH
隐藏类别	VH
取消隐藏图元	EU
取消隐藏类别	VU
切换显示隐藏图元模式	RH
渲染	RR
快捷键定义窗口	KS
视图窗口平铺	WT
视图窗口层叠	WC

B.2 自定义快捷键

除了系统的保留的快捷键外，Revit 允许用户根据自己的习惯修改其中的大部分工具的键盘快捷键。

下面以给"修剪/延伸单一图元"工具自定义快捷键"EE"为例，来说明如何在 Revit 中自定义快捷键。

1）单击"视图"选项卡"窗口"面板中"用户界面"下拉列表，单击"快捷键"选项，或者直接输入快捷键命令 KS，打开"快捷键"对话框。

2）如图 B-1 所示，在"搜索"文本框中，输入要定义快捷键的命令的名称"修剪"，将列出名称中所有包含"修剪"的命令。

图 B-1

【提示】也可以通过"过滤器"下拉框找到要定义快捷键的命令所在的选项卡，来过滤显示该选项卡中的命令列表内容。

3）在"指定"列表中，选择所需命令"修剪/延伸单一图元"，同时，在"按新建"文本框中输入快捷键字符"EE"，然后单击"指定"按钮。新定义的快捷键将显示在选定命令的"快捷方式"列，结果如图 B-2 所示。

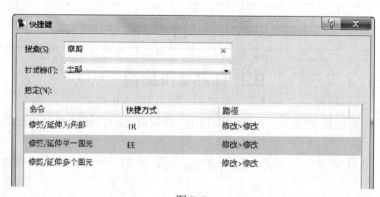

图 B-2

4）如果用户自定义的快捷键已被指定给其它命令，则 Revit 给出"快捷方式重复"对话框，如图 B-3 所示，通知用户所指定的快捷键已指定给其它命令。单击确定按钮忽略该提示，按取消按钮重新指定所选命令的快捷键。

图 B-3

5）单击"快捷键"对话框底部"导出"按钮，弹出"导出快捷键"对话框，如图 B-4 所示，输入要导出的快捷键文件名称，单击"保存"按钮可以将所有已定义的快捷键保存为.xml 格式的数据文件。

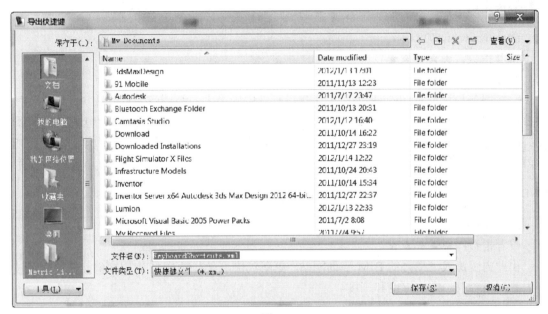

图 B-4

6）当重新安装 Revit 时，可以通过"快捷键"对话框底部的"导入"工具，导入已保存的.xml 格式快捷键文件。

同一个命令可以指定多个不同的快捷键。例如，打开"属性"面板可以通过输入 PP 或 Ctrl+1 两种方式。快捷键中可以包含 Ctrl 和 Shif+字母的形式，只需要在指定快捷键时同时按住 Ctrl 或 Shit+要使用字母即可。

当命令的快捷键重复时，输入快捷键时 Revit 并不会立即执行命令，会在状态栏中显示使用该快捷键的命令名称，并允许用户通过键盘上、下箭头循环选择所有使用该快捷键的命令，并按空格键执行所选择的命令。

附录 C　学习资源

交流是最好的学习方式，对于 Revit Architecture 的学习来讲，此也同样适用。互联网是一个非常好的交流平台，目前已经有多个 Revit Architecture 资源交流论坛，可以与其它 Revit Architecture 用户共同分享问题与经验。随着 BIM 和 Revit 系列越来越深入的推广和应用，以 BIM 和 Revit 为核心内容的网站和论坛也越来越多，本书为您推荐几个比较好的学习资源网站。

北纬服务论坛：

http://www.bim123.com.cn/

推荐指数：★★★★★

简介：

北纬服务论坛是 Autodesk 公司工程建设行业中国最大的经销商北京北纬华元软件科技有限公司组织主办的大型 Autodesk 软件应用技巧、交流论坛。由专业技术支持工程师提供最专业、最权威的 Revit 系列等软件应用服务。论坛内有大量的工程案例、网络教学、应用技巧等学习资料。

CNBIM

http://www.cnbim.org/

推荐指数：★★★★★

由业内资深人士主办的 BIM 咨询网站，更新较快，有大量 BIM 应用案例、软件应用技巧等内容。内容有一定的深度和广度。

Autodesk University

http://au.autodesk.com.cn/

推荐指数：★★★★

简介：

Autodesk University（AU）是由 Autodesk 举办的大型高级信息交流大会，提供最新、最实用的软件信息、应用技巧等。注册后可以下载历年来各产品的视频演讲内容和用户使用经验交流视频讲解，是掌握 Autodesk 技术的最佳途径。

知族常乐

http://www.revitcad.com/

推荐指数：★★★★

Autodesk 上海研发中心负责 Revit 族库开发的专业人士主办的 Revit 与 CAD 技术交流群，有较多 Revit 族应用技巧，并有较多软件应用技巧。

Autodesk

http://www.autodesk.com.cn

推荐指数：★★★

简介：

Revit 系列软件的开发和发行商，最权威的官方网站，可及时了解 Revit 及其它 Autodesk 产品版本更新情况，以及最新的全球案例。

Revit City

http://www.revitcity.com

推荐指数：★★★

简介：

国外专门讨论 Revit 应用的网站，内设 Revit 论坛，拥有大量 Revit 族库供用户下载使用。是与全球用户分享 Revit 经验、族库的好去处，需一定英文语言基础。

其它国内外资源

http://www.chinabim.com

http://buildz.blogspot.com

http://www.revit.com.tw

http://www.revit3d.com

http://www.revitsociety.com/

http://revitfactory.com/

http://seek.autodesk.com

注意：国外的部分网站可能需要翻墙等手段才能正常访问。